AF732257

The Art of the Watch

THE ART OF THE WATCH

Copyright ©1996 by Kalbé Press

All rights reserved. No part of this publication may be reproduced, stored in a retrieval system, or transmitted in any form or by any means, electronic, mechanical, photocopying, recording or otherwise, without the prior written permission of the copyright owner.

Published by Kalbé Press, 257 Adams Lane, Hewlett, New York 11557

ISBN 0-9653053-2-5

Editor: Bertram Kalisher
Design: Phillip Ritzenberg
Photography: Don Kozusko

With Thanks

The credits that scroll past us at the end of a film usually move so quickly that they rarely seem to express thanks appropriately to those whose work behind the scenes contributed so importantly to the effort. Fortunately, print will sit still for the few moments that it takes to express gratitude to those who left their marks, if not their names, on this work. I am indebted for the realization of this book:

To photographer Don Kozusko and designer Phillip Ritzenberg, whose creativity is evident on these pages, but whose technical knowledge was instrumental in transforming an idea into print...

To Dana J. Blackwell, the dean of watch historians and curator emeritus of the American Clock and Watch Museum, to Simon Critchell, president of Cartier and of the American Watch Association, and to Osvaldo Patrizzi, director of Antiquorum and pre-eminent watch authority, for articles which lend their own professional distinction to this book...

To Marceline Kalisher and Nancy Siskind for their patient work in assuring accuracy in the complex text, and to David Critchell for his contribution to the integrity of the French text...

To William Nicholas for his expert typesetting...

To administrative assistant Patricia Renzo, who coordinated uncounted details and was the hinge on which much of this project turned...

And, especially, to the fine watchmakers whose works of art are represented on these pages. Without their devotion to the craft and their encouragement and participation there would be no book at all to celebrate the art of the watch.

– B.K.

Contents

Foreword

Can a watch be a work of art?

The masterpieces portrayed in this book, endowed by gifted watchmakers with the same aesthetic values that define all art, answer with a resounding "yes."

When we view a painting or sculpture, we respond to composition, movement, color, texture, form. When we hear music, we are moved by harmony, texture, rhythm. A masterfully made timepiece appeals to our visual and tactile senses in much the same ways.

The dial, case and band of the great watch complement and balance one another as a classic expression of composition. The face, reflecting two- or three-dimensional techniques, pattern and color, with hands and numerals – or indeed, the very suggestion of numerals that are not there at all – are a virtual picture plane. The sculpture that is the case, in ancient or modern metals, unites all the elements. And there is movement – visible in the graceful circuit of the hands, unseen but implicit in the kinetic heart of the watch.

Adornment need not be part of a watch to make it a work of art. Yet adornment of a precious object is inevitable. As Sir Kenneth Clark said, "...an art of symbols always evolves a language of decoration." The dial, numerals, hands, case and mechanism of a watch have become such symbols, which invite embellishment. From the hands of the watchmaker-artist come unique accents that add to the language of timepiece decoration.

The watch as art surpasses other art in remarkable ways. No painting or sculpture can rival it as an indispensable tool for daily living, nor as a work of technological genius, nor as the product of the creativity of so many artists and artisans. Nor, significantly, need one seek out these works of art in a museum or in a book.

If the reader resists our elevation of the watch to the plane of art, let him or her reflect on the artist's long-standing interest in, and even obsession with, time. From medieval depictions of the Dance of Death to Salvador Dali's fluid watches, the concept of time and time-keeping have been recurrent themes. In addition to its expression in the plastic arts, time has heavily influenced art's very *raison d'etre.*

These insights have led to the publication of *The Art of the Watch,* a portrait gallery of the world's finest watches, presented – perhaps for the first time – as works of art.

While recognizing the accomplishments of the contemporary watchmaker's art, the book will also honor a rich past by benefitting the American Clock and Watch Museum of Bristol, Connecticut, the first museum of its kind in the United States and an international treasure of horology.

In the words of the Romantic painter Delacroix, "We work not only to produce, but to give value to time." We hope that in these pages we will reaffirm why the watch is a worthy medium for the artist's hand.

– Bertram Kalisher

AVANT-PROPOS

Une montre peut-elle être un objet d'art?

Les chefs-d'oeuvre présentés dans cet ouvrage, réalisés par des horlogers de grand talent, possèdent les mêmes valeurs esthétiques que celles qui définissent l'art en général et donnent à cette question une réponse résolument positive.

Quand nous admirons une peinture ou une sculpture, nous réagissons à la composition, au mouvement, aux couleurs, à la texture et aux formes. Quand nous écoutons de la musique, nous en apprécions les harmonies, le timbre et le rythme. Une montre sortie des ateliers de la grande horlogerie fait appel à nos sens visuels et tactiles essentiellement de la même manière.

Le cadran, le boîtier et le bracelet se complètent et s'équilibrent tout comme les éléments d'une composition classique. Le cadran, exécuté en deux ou trois dimensions, avec ses motifs, ses couleurs, ses aiguilles et ses chiffres, ou même une simple évocation de chiffres, est une toile de maître. Cette sculpture qu'est le boîtier, faite de métaux anciens ou modernes, réunit tous les éléments. Et puis il y a le mouvement, visible par le gracieux déplacement des aiguilles, dissimulé mais présent au coeur cinétique de la montre.

Il n'est pas nécessaire qu'une montre soit ornée pour être une oeuvre d'art. Et pourtant l'ornementation d'un objet précieux est inévitable. Pour citer Sir Kenneth Clark, "...l'art des symboles suscite toujours un langage de la décoration". Le cadran, les chiffres, les aiguilles, le boîtier et le mécanisme de la montre sont devenus de tels symboles qu'ils invitent à l'embellissement. Des mains de l'artiste-horloger naissent des vocables uniques qui viennent enrichir la langue de la décoration horlogère.

L'art dans la montre surpasse les autres arts de manières remarquables. Nulle peinture ou sculpture ne peut rivaliser en tant qu'instrument indispensable de la vie quotidienne, oeuvre de génie technique, ou produit de la créativité d'un tel nombre d'artistes et d'artisans. Par ailleurs, chose toute aussi significative, point n'est besoin d'aller chercher ces chefs – d'oeuvre dans les musées ou dans les livres.

Si notre lecteur ou notre lectrice ne sont pas prêts à élever la montre au rang d'oeuvre d'art comme nous le faisons, nous leur demanderons de réfléchir à l'intérêt parfois obsessif des artistes pour le concept du temps. Depuis les représentations médiévales des danses macabres jusqu'aux montres fluides de Salvador Dali, le temps et la mesure du temps sont des thèmes récurrents de l'art. Outre son expression dans les arts plastiques, le temps a profondément influencé la raison d'être même de l'art.

Ces réflexions ont mené à la publication de *L'Art de la Montre*, galerie de portraits des plus belles montres du monde, présentées – peut-être pour la première fois – en tant qu'oeuvres d'art.

Tout en reconnaissant les accomplissements artistiques des artisans horlogers contemporains, cet ouvrage honorera également un riche passé, étant publié au bénéfice du Musée américain de l'horloge et de la montre de Bristol, Connecticut, premier musée de ce genre aux Etats-Unis et trésor international de l'horlogerie.

Pour reprendre les mots du peintre Delacroix, chef de l'école romantique, "nous oeuvrons non seulement pour produire mais aussi pour donner de la valeur au temps". Nous visons, quant à nous, dans les pages qui suivent, à réaffirmer combien la montre est un médium digne de la main de l'artiste.

– Bertram Kalisher

The fine watch: Treasured collectible

BY/PAR
OSVALDO PATRIZZI
Director
Antiquorum

While one may become a collector of anything, for everything is collectible, the criteria whereby a watch becomes a collectible are anything but random.

A watch is sought after for a rare combination of qualities: its beauty and proportions, its mechanical complications, the quality of its execution, the quantity produced, the length of time a model or series remains in production, and the event for which the model was created.

Landmark examples include the "Officer" and "Jump Hour" produced by Patek Philippe for its 1989 jubilee; Audemars Piguet's edition of 70 platinum perpetual calendar watches commemorating Switzerland's 700th anniversary; and Vacheron Constantin's "Mercator", which marked the 400th anniversary of the death of cartographer Gerardus Mercator. Rolex's stainless steel chronograph, "Daytona Perpetual", produced since 1989, continues to be a collector's piece.

These are some classic examples of the many produced by great watchmaking firms such as Breguet, Breitling, Blancpain, Ulysse Nardin, Corum, Franck Muller, Gerald Genta, Girard-Perregaux, to mention only a few.

A watch which becomes a collector's piece reflects these qualities and has been prepared with the scrupulous care to captivate the demanding collector. Today, because a watch is also a status symbol, it must be recognizable at a glance.

La belle montre: Objet de collection

Bien que l'on puisse devenir collectionneur de n'importe quoi, tout étant collectionnable, les critères par lesquels les montres deviennent des objets de collection ne sont pas laissés au hasard.

Une montre est recherchée pour une rare combinaison de qualités: sa beauté et ses proportions, la complexité de son mécanisme, la qualité de son exécution, le nombre de modèles produits et la durée de la production du modèle ou de la série, ainsi que l'événement à l'occasion duquel le modèle a été crée.

Parmi les exemples caractéristiques figurent les montres "Officer" et "Jump Hour" produites par Patek Philippe pour son jubilée en 1989, la série de 70 montres en platine à calendrier perpétuel d'Audemars Piguet commémorant le 700ème anniversaire de la Suisse, et la "Mercator" de Vacheron Constantin, marquant le 400ème anniversaire de la mort du cartographe Gerardus Mercator. Le chronographe "Daytona Perpetual" de Rolex en acier inoxydable, en production depuis 1989, continue d'être un modèle de collection.

On trouvera ici quelques exemples classiques des nombreuses pièces produites par d'autres grandes maisons d'horlogerie, telles que Bréguet, Breitling, Blancpain, Ulysse Nardin, Corum, Franck Muller, Gerald Genta, Girard-Perregaux, pour n'en citer que quelques-uns.

Une montre qui devient objet de collection reflète ces qualités et a été façonnée avec des soins méticuleux de manière à captiver le collectionneur exigeant. Aujourd'hui, la montre étant aussi symbole de statut social, elle doit également être reconnaissable au premier coup d'oeil.

The museum: Muse for the future

Le musée et la muse de l'avenir

BY/PAR

SIMON CRITCHELL
Former President
American Watch Association

There was a time when museums were regarded as dusty warehouses of the past, or even as mausoleums for art and artifacts. Those of us who have been enriched by museums, however, know that they are much more.

The modern museum helps us understand that human knowledge and achievement have a past and a present, that only when we can see the record of society's past alongside the accomplishments of the present can we progress into the future.

The ancients understood this: The Greek word museum means the "place of the muse," the source of inspiration for the poet – or, indeed, for all creative people.

The American Clock and Watch Museum serves this important role for the world of watch and clock creativity. With its precious collection of timepieces and its outreach in education and research to industry and public, the museum truly records the past, stimulates the present and inspires the future.

The American Clock and Watch Museum, a beneficiary of the publication of this book, deserves our wholehearted support in order to ensure that we will always have a place for our muse.

Il fut un temps où les musées étaient considérés comme de poussiéreux hangars abritant les reliques du passé, voire des mausolées où gisent ensevelis les oeuvres et objets d'art. Ceux d'entre nous dont la vie a été enrichie par les musées savent, toutefois, que les musées sont bien plus que cela.

Le musée moderne nous fait comprendre que les connaissances et les accomplissements humains ont un passé et un présent, et que seule l'observation en parallèle des traces des sociétés passées et des réalisations du présent nous permet d'élaborer l'avenir.

Les anciens n'ignoraient pas cette réalité. Le mot "musée", au sens étymologique du terme, signifie "résidence des muses", ces déesses qui inspirent les poètes, les artistes et tous les créateurs.

Le Musée américain de l'horloge et de la montre remplit cette importante fonction pour le monde de la créativité en horlogerie. Par sa précieuse collection d'instruments à marquer et à mesurer le temps et ses programmes d'enseignement et de recherche visant l'industrie et le grand public, il conserve le passé, stimule le présent et inspire l'avenir.

Le Musée américain de l'horloge et de la montre, bénéficiaire de la publication du présent ouvrage, mérite notre appui sans réserve pour assurer la pérennité de ce lieu privilégié où réside notre muse.

The American Clock and Watch Museum

Le Musée américain de l'horloge et de la montre

BY/PAR

DANA J. BLACKWELL
Curator Emeritus
American Clock and Watch Museum

Founded in 1952 to preserve the heritage of Bristol, Connecticut as a major center of clock manufacturing, the American Clock and Watch Museum has evolved into an international treasure of horology.

The first of its kind in America, the collection is housed in an 1801 mansion which has grown significantly with additions in 1958 and 1967.

The vision and philanthropy of Edward Ingraham, one of the last presidents of the clock company founded by Elias Ingraham in 1857, led to the museum's creation. But he could hardly have foreseen that a collection of some 300 American clocks, a few watches, and 50 books, would grow into an institution of more than 1,700 clocks, 1,600 watches, tens of thousands of books, catalogs, photographs and documents, and a commitment to education and research.

Visitors delight in the chimes of running clocks...fine timepieces and charming, mass-produced kitchen clocks...rarities such as the 1820 French planetarium clock whose movement drives a miniature solar system...patents signed by early American presidents...and more.

With continued support from public and industry, the museum promises to be an even greater center of a unique field of art and technology.

Fondé en 1952 pour préserver l'héritage de Bristol, Connecticut, en tant que grand centre de fabrication horlogère, le Musée américain de l'horloge et de la montre a évolué pour devenir un trésor international de l'horlogerie.

Sa collection, la première de son genre en Amérique, est abritée dans une demeure de 1801 qui a été considérablement agrandie en 1958 puis en 1967.

La vision et la philanthropie d'Edward Ingraham, l'un des derniers présidents de la société d'horlogerie fondée en 1857 par Elias Ingraham, ont présidé à la création du Musée. Mais il lui eût été difficile de prévoir qu'une collection de quelque 300 horloges américaines, quelques montres, et une cinquantaine de livres se développerait en une institution qui possède aujourd'hui plus de 1 700 horloges, 1 600 montres, des milliers d'ouvrages, de catalogues, de photographies et de documents, et qui intervient activement dans le domaine de l'enseignement et de la recherche.

Les visiteurs sont ravis et fascinés par les carillons des horloges, les montres de luxe et les horloges de cuisines produites en grandes séries, des raretés telles que l'horloge planétarium française de 1820 dont le mouvement actionne un système solaire en miniature, des brevets signés de la main des premiers présidents des Etats-Unis, et bien d'autres trésors.

Avec le soutien fidèle du public et de l'industrie, le musée promet de continuer de croître en tant que centre d'un domaine unique situé au confluent de l'art et de la technologie.

Precious stones

HARRY WINSTON
Rare Jewels of the World

The House of Harry Winston brings art to life with the Ultimate Timepiece Collection, created especially for the discerning watch connoisseur. Combining the American jeweler's artistry and Swiss watchmaker's technology, the *Unisex* 18 karat gold and diamond bracelet watch is set with 436 diamonds totaling 25 carats, and is available in both quartz and automatic movements. Bracelet wristbands feature a design of unequaled comfort and flexibility and include a signature HW clasp of solid 18 karat gold. A shock-protected crown is mounted in the case for greater durability, and all cases are water-resistant to 3 atmospheres or 100 feet.

La Maison Harry Winston a produit des oeuvres d'art, de grand art, avec son Ultimate Timepiece Collection, créée à l'intention particulière des connaisseurs exigeants. Alliant l'esthétique de la joaillerie américaine à la technique horlogère suisse, la montre bracelet *Unisex* en or 18 carats est rehaussée de 436 diamants, d'un poids total de 25 carats. Elle est disponible avec mouvement à quartz ou mouvement mécanique automatique. Les bracelets exclusifs d'un confort et d'une souplesse inégalés sont dotés d'un fermóir de marque HW en or massif 18 carats. La couronne antichoc est montée dans le boîtier pour une durabilité accrue. Tous les boîtiers sont étanches à 3 atm soit 30 mètres.

HARRY WINSTON, INC.
718 Fifth Avenue
New York, NY 10019

Salons in Paris, Geneva, Tokyo, and Beverly Hills.

Founded 1932, New York

VACHERON CONSTANTIN
Geneva since 1755

The ladies *Ispahan* wristwatch from Vacheron Constantin's Malte II line features a round gem set case and bracelet in 18 karat white gold. It is entirely set with 6.13 carats of full cut diamonds and has a silvered dial with 3 diamond and 8 gold stud markers. The *Ispahan* has an ultra-thin quartz movement, sapphire crystal and a hiddden clasp.

Montre dame Vacheron Constantin *Ispahan* de la ligne Malte II. La boîte et le bracelet sont en or gris carats et sertis de 6.13 carats de diamants. Le cadran, argenté, comporte 3 diamants et 8 cabochons. Cette pièce est équipée d'un mouvement quartz extra-plat.

VACHERON CONSTANTIN INC.
20 West 55th Street
New York, NY 10019

VACHERON CONSTANTIN S.A.
1 Rue des Moulins
CH 1204 Geneve
Switzerland

Founded 1755, Geneva, Switzerland

VACHERON CONSTANTIN
GENEVE

Cartier

One of the most enduring symbols of the House of Cartier is "The Great Cat Collection," originally designed for the Duchess of Windsor. Since then, many additions to the Cartier Panther line have been introduced, most notably the Panther watch—a sleek, elegant wristwatch that has become a status symbol and one of Cartier's most desirable designs. The *Diamond 18 karat Panther* watch is one of the most important watches of the Cartier Jeweled Watch Collection. The pavé diamonds illuminate the bracelet, bezel, case and dial creating a stunning effect.

"La Collection Félins", créée à l'origine pour la Duchesse de Windsor, est l'un des emblèmes éternels de la Maison Cartier. Depuis lors, de nombreuses créations sont venues étoffer la ligne Panthère de Cartier et plus particulièrement la montra Panthère—une montre-bracelet lisse et élégante devenue un symbole de prestige et l'un des plus grands succès de Cartier. La montre *Panthère Diamant 18 carat* constitue l'une des pièces maitresses de la collection des montres-bijoux Cartier. Le pavage de diamants illumine le bracelet, la sertissure, le boîtier et le cadran d'un sublime scintillement.

CARTIER INC.
653 Fifth Avenue
New York, NY 10022

CARTIER
13 Rue de la Paix
75002 Paris

Founded 1847, Paris

CARTIER

LE TEMPS
CHANEL

Designed as jewels, Chanel watches are triumphant hymns to time; time that passes and lingers, captured in the splendor of sumptuous settings. When she dazzled Paris with her first fine jewelry collection in the 30's, Coco Chanel debuted with diamonds, chosen because they represented "the highest value in the smallest volume". Reflecting that sentiment: an 18 karat gold watch from the Premier Collection, links, bezel and clasp opulently pavé-set with diamonds. This watch of extraordinarily pure design is made in the finest watchmaking tradition in the Le Temps Chanel workshops in Switzerland.

Conçues comme des bijoux, les montres Chanel chantent l'hymne triomphal du temps, temps qui passe et temps qui s'attarde, temps capturé dans la riche splendeur de leurs formes. Dans sa première collection de joaillerie, qui éblouit Paris durant les années 30, Coco Chanel avait choisi pour ses débuts les diamants, parce qu'ils offrent "la plus grande valeur avec le plus petit volume". Ce même sentiment a inspiré cette montre en or 18 carats de la Premier Collection, avec ses maillons, sa lunette et son fermoir pavés de diamants. D'une extraordinaire pureté de ligne, elle a été réalisée dans la tradition de la grande horlogerie, en Suisse, dans les ateliers Le Temps Chanel.

CHANEL, INC.
15 East 57th Street
New York, NY 10022

CHANEL
7, Place Vendôme
75001 Paris
France

Founded 1915, Paris, France

CHANEL
SWISS
CHANEL

Van Cleef & Arpels

The miniature *Perfect Square* is constructed of 18 karat gold, has two rows of full-cut top Wesselton grade diamonds on the bezel, diamonds on the lugs and a diamond crown (total of 90 diamonds). A classic white enamel dial with black roman numerals covers the precision quartz movement.
The *Perfect Square* is highlighted by the Van Cleef design of a central lug separating the case from the bracelet. The bracelet is one contiguous piece of 18 karat gold, embellished with a decorative weave pattern.

La montre miniature *Perfect Square* en or 18 carats a deux rangées de diamants pleine-taille de qualité Wesselton supérieure sur la lunette, des diamants sur les barettes et une couronne de diamants (90 pierres au total). Son mouvement quartz de précision est couvert d'un cadran classique émaillé blanc à chiffres romains noirs. La *Perfect Square* est dotée d'une barette centrale séparant le boîtier du bracelet, de conception Van Cleef.
Le bracelet monobloc est en or 18 carats rehaussé d'un motif décoratif entrecroisé.

VAN CLEEF & ARPELS
251 West 57 Street
Suite 617
New York, NY 10019

START, STYLE & ART SA
50, Avenue de la Pralle
Case Postale 1170
CH-1211, Geneva 26
Switzerland

Founded 1906, Paris, France

VAN CLEEF & ARPELS
PARIS
SWISS MADE

125
YEARS
IWC
International Watch Co. Ltd, Schaffhausen . Switzerland
Since 1868

The 18 karat gold *Automatic Da Vinci Chronograph*, with a wealth of extraordinary features including a perpetual calendar to the year 2499, is a watch light years ahead of its time in both beauty and intricacy. It features a pavé dial with 149 diamonds and 12 rubies. With a perpetual moon phase display sculpted of solid gold, the watch features nine hands—seconds, minutes, hours of the day; seconds, minutes and hours recorded by the stopwatch; date, day and month. A four-digit year display rests between 7:00 and 8:00. Water-resistant to 30 meters, the *Automatic Da Vinci Chronograph* is shockproof and anti-magnetic.

Tant par sa beauté que par sa complexité, cette montre a des années-lumière d'avance sur son temps. Son cadran est pavé de 149 diamants et de 12 rubis. Outre les phases de la lune sculptées en or massif, cette montre a neuf aiguilles—seconds, minutes, heures de la journée; secondes, minutes et heures comptées par le chronographe; date, jour et mois. L'année à quatre chiffres est affichée entre 7 et 8 heures. Résistante à l'eau jusqu'à 30 mètres, la *Da Vinci Chronographe Automatique* est également antichoc et antimagnétique. Da Vinci d'IWC: l'union de l'art et de la précision.

IWC, INTERNATIONAL WATCH CO., LTD.
P.O. Box 1807
Winchester, VA 22604

IWC, INTERNATIONAL WATCH CO., LTD. SCHAFFHAUSEN, SWITZERLAND
P.O. Box 692
CH 8201 Schaffhausen
Switzerland

Founded 1868, Schaffhausen, Switzerland

IWC
Schaffhausen
1986

Henry Dunay

The essence of luxury is captured in an elegant award winning timepiece by jewelry designer Henry Dunay. Blending the art of diamond pavé and 18 karat gold, Dunay creates a stylish and unforgettable timepiece with the caress of fine jewelry. Over three decades of jewelry design combines with precision computer-construction to shape the ultimate in *Dunay Time.*

Cette élégante montre primée, produit de l'art du joaillier concepteur Henry incarne l'essence même du luxe. Alliant l'art du pavage de diamants et l'or 18 carats, Henry Dunay a créé une montre d'un cachet inoubliable qui relève de la grande joaillerie. Le cadran est en nacre pure. Plus de trois décennies d'esthétique joaillère et les ressources de la fabrication assistée par ordinateur de haute précision ont produit ce chef d'oeuvre de *Dunay Time.*

HENRY DUNAY DESIGNS, INC.
22 West 48th Street
Suite 505
New York, NY 10036

Founded 1956, New York City

Set with the finest quality of diamonds and sculptured entirely in 18 karat gold, this watch was masterfully handmade by artisans inspired by Greek and Roman sculptures. This limited edition timepiece was the first prize winner of the "Gallery of Design and Innovation" in the 1993 competition in New York. It has a sapphire glass and is waterproof.

Sertie de diamants de la meilleure qualité et sculptée en or 18 carats, cette montre, inspirée par la sculpture Grecque et Romaine a été exécutée à la main de maniére somptueuse par des maître artisans. Cette montre de série limitée a gagné le premier prix au concours "Gallery of Design and Innovation" à New York en 1993; elle a un verre saphir et elle est étanche.

TINELLI
257 Adams Lane
Hewlett, NY 11557

TINELLI & C. S.R.L.
Viale Vicenza No 4 C
15048 Valenza
Italy

Founded 1966, Valenza, Italy

BERTOLUCCI
Manufacture of Watches
Switzerland

The *Ladies' Mini VIR*, #083.55.68.6.671 is made of 18 karat yellow gold. It has a diamond bezel and mother-of-pearl diamond dial, a date and sweep-second hand. The caseback is secured with 4 screws. The watch has a quartz movement and a scratch-resistant sapphire crystal. It is water-resistant to 33 meters or 100 feet. The VIR watch is a decisive affirmation of formal balance, pure lines and elegant detail; the result of careful and rigorous design. The harmony of the whole gives an assured aura of style and class.

La *Mini VIR* pour dame 083.55.68.6.671 est en or jaune 18 carats. Elle possède une lunette diamantée et un cadran en nacre et diamants, un calendrier et une trotteuse. Le dos de son boîtier est fixé par quatre vis. Elle est dotée d'un mouvement à quartz et d'un verre en cristal saphir résistant à la rayure. Elle est étanche jusqu'à 33 mètres. La montre VIR est l'expression résolue d'une esthétique sûre et équilibrée, aux lignes pures et aux détails élégants, résultat d'une conception rigoureuse et d'une réalisation soignée. L'harmonie de l'ensemble témoigne d'un style assuré et d'une classe véritablement supérieure.

BERTOLUCCI USA
UTime Company, Inc.
201 Route 17 North
Rutherford, NJ 07070

BERTOLUCCI DISTRIBUTION S.A.
4 Rue de la Balance
2000 Neuchâtel
Switzerland

Founded 1987, Evilard, Switzerland

BERTOLUCCI

BAUME & MERCIER
GENEVE
MAÎTRES HORLOGERS DEPUIS 1830

Baume & Mercier's *Riviera* quartz watch is identified by its unique twelve-sided bezel, an 18 karat gold case and bracelet, 36 diamonds in the bezel, and 11 diamond hour-markers in a mother-of-pearl dial. Ultra thin, the case is constructed to withstand an active lifestyle. It is water-resistant to 30 meters and has a screwdown crown and a screwback case for added protection.

La montre à quartz *Riviera* de Baume & Mercier est identifiable par sa lunette dodécagonale sertie de 36 diamants, son boîtier et son bracelet en or 18 carats, et ses 11 repères horaires en diamants sur son cadran de nacre. Son boîtier ultra-plat est conçu pour résister aux rigueurs de la vie active. Il est étanche à 30 mètres et possède une couronne vissée et un dos vissé pour une protection accrue.

BAUME & MERCIER, INC.
663 Fifth Avenue
New York, NY 10022

BAUME & MERCIER S.A.
Route De Chêne 61
Case Postale 60
1211 Geneve 29
Switzerland

Founded 1830, Switzerland

BAUME & MERCIER
GENEVE
Riviera
SWISS MADE

PHILIPPE
CHARRIOL

The 18 karat solid gold *Celtic* watch with an 18 karat inlay and a diamond pavé dial is a spectacular creation from the Philippe Charriol Celtic Gold Collection. Its classic twisted gold cable celebrates the artistry of the ancient Celtic civilization. A plethora of diamonds adorn the bezel, dial and attachments. Handcrafted in Switzerland, it has a quartz movement and a patented Philippe Charriol buckle.

Une exceptionnelle création Philippe Charriol—une montre *Celtic* en or massif 18 carat dotée d'un cadran entierement pavé de diamants. Une montre unique, destinée aux seuls connaisseurs. Avec le classicisme des fils d'or torsadés dont elle est composée, elle celèbre la maîtrise artistique de l'ancestrale civilisation Celte. La lunette, le cadran et les attaches de cette montre étincellent de tous leurs diamants. Fabriquée à la piece et à la main, dans la tradition horlogere suisse, elle est équipée d'un mouvement à quartz et de l'exclusif fermoir Philippe Charriol.

PHILIPPE CHARRIOL U.S.A.
A'Lor International Ltd. – U.S.A. Distributor
1227 Prospect Street
La Jolla, CA 92037

PHILIPPE CHARRIOL INTERNATIONAL
8 Rue Le Corbusier
1208 Geneva
Switzerland

Founded 1983, Geneva, Switzerland

Austern & Paul

This bold and stylish jewelry watch contains a fine Swiss ETA quartz movement and features a scratchproof sapphire crystal. The watch is 18 karat gold and humidity protected. The *Palm Link* diamond watch belongs to the Allegro collection of fine jewelry watches manufactured by the fourth-generation jewelry and watch manufacturer, Austern & Paul/Orgel-Shorr, Inc.

Cette montre de joaillerie élégante et hardie est dotée d'un mouvement à quartz suisse ETA de qualité et d'un verre saphir résistant à la rayure. Elle est réalisée en or 18 carats et est étanche à l'humidité. La montre à diamants *Palm Link* fait partie de la collection Allegro de montres de joaillerie fine produite par la quatrième génération d'horlogers-bijoutiers de la maison Austern & Paul/Orgel-Shorr, Inc.

ALLEGRO
Austern & Paul/Orgel-Shorr, Inc.
18 East 48th Street
New York, NY 10017

Founded 1894, New York

Allegro

la NOUVELLE BAGUE
FIRENZE

The *Metropolitan* watch in solid 18 karat gold has a Swiss ETA 280.002/1 quartz movement, diamonds and a choice of various vividly colored enamels. It was created in Florence, Italy by La Nouvelle Bague. This watch may be worn alone or with the bangle bracelets of the Metropolitan Collection. Vividly colored enamels, precious stones and the brilliance of different textures of gold enliven geometric patterns and ancient motifs. This watch is delicately balanced between the echo of nostalgia and the assertion of modernism.

La montre *Metropolitan* est en or massif 18 carats rehaussé de diamants et d'émaux multicolores; elle est dotée d'un mouvement à quartz suisse ETA 280.002/1. Conçue en Italie par La Nouvelle Bague de Florence, elle se porte seule ou avec les bracelets d'esclave de la Collection Metropolitan. Ses émaux de couleurs vives, ses gemmes et les variations de texture de son or travaillé rehaussent ses lignes géométriques et ses motifs anciens. La montre *Metropolitan* se situe en un équilibre délicat à la confluence de la nostalgie et du modernisme.

LA NOUVELLE BAGUE
Italian Jewelry Distribution
5 East 57th Street
New York, NY 10022

LA NOUVELLE BAGUE
Corso Dei Tintori, 21
50122 Florence
Italy

Founded 1976, Florence, Italy

DAVID YURMAN

Created by David Yurman, the Cable Watch Collection combines his identifiable jewelry design with the highest quality of Swiss engineering. The 7mm gold *Cable Watch* features a diamond bezel, mother-of-pearl dial and sapphire crown. Designed to be worn with his Classic Cable Bracelets, the piece chosen features pearls and channel set diamonds.

Création de David Yurman, la montre-gourmette allie l'esthétique reconnaissable du joaillier à l'horlogerie suisse de la plus haute qualité. La montre-gourmette de 7mm possède une lunette de diamants, un cadran en nacre et une couronne de saphirs. Conçue pour se porter avec les gourmettes classiques du joaillier, elle est présentée ici avec un modèle rehaussé de perles et de diamants sertis en bande.

DAVID YURMAN
501 Madison Avenue
New York, NY 10022

Founded 1970, New York

DAVID YURMAN

Daniel Roth

What better description for this self-winding jewelry watch than "technical excellence wrapped in timeless beauty"! The new *Lady Diamonds and Rubies Automatic* is truly a blend of excellence and exceptional Swiss savoir-faire. It features a highly precise self-winding movement, a 40-hour power reserve and a case waterproof to 3 ATM (atmospheres). This magnificent 18-karat gold model has the very finest grade diamonds and rubies studded on the dial, case, crown and bracelet. A total of 14.81 carats diamonds and 19.55 carats rubies are hand set in this *Lady Diamonds and Rubies Automatic* watch.

Cette nouvelle *Lady Diamonds and Rubies Automatic* est véritablement le produit de l'excellence et du savoir-faire unique suisse. Elle est dotée d'un mouvement automatique de haute précision, d'une réserve de marche de 40 heures et d'un boîtier étanche à 3 atmosphères. Beauté intemporelle et technique soigneusement étudiée pour une qualité d'exception font de cette nouvelle montre-bijou une pure merveille. La *Lady Diamonds and Rubies Automatic* est en or 18 carats et ornée de magnifiques diamants et rubis sertis sur le cadran, le boîtier, la couronne et le bracelet. Ce modèle totalise 14,81 carats de diamants et 19,55 carats de rubis.

DANIEL ROTH
257 Adams Lane
Hewlett, NY 11557

DANIEL ROTH SA
4 Rue de la Gare
CH-1347 Le Sentier
Switzerland

Founded 1988, Le Sentier, Switzerland

HERMÈS
PARIS

Inspired by the famous Kelly handbag, the padlock-watch celebrated twenty successful years in 1995. To mark the anniversary, Hermès created five versions of the *Kelly* watch in solid 18 karat gold, with or without diamonds set on the case. Each watch has a sapphire crystal, a silvered dial set with four diamonds and a crocodile strap available in eight colors. The first 800 pieces of this special dedicated edition have been numbered and engraved at the bottom of the case.

Inspirée du célèbre sac Kelly, la montre-cadenas fête en 1995 ses vingt ans de succès. Pour l'occasion, Hermès a créé 5 versions de la *Kelly* en or 18 carats, habillées ou non de diamants. Muni d'un cadran argenté serti de quatre diamants et protégé par une glace saphir bombée, ce modèle est disponible avec un bracelet de crocodile existant en huit coloris. Les 800 premières pièces de cette édition spéciale ont été rendues uniques par la gravure d'une dédicace et d'un numéro sous le boîtier.

THE HERMÈS WATCH COMPANY
111 Maiden Lane
Suite 420
San Francisco, CA 94108

LA MONTRE HERMÈS S.A.
Case Postale 698
CH 2501 Bienne
Switzerland

Founded 1837, Paris

HERMÈS
PARIS

Carrera y Carrera
SCULPTURED JEWELRY IN 18 KARAT GOLD

Carrera y Carrera's *Troya* limited edition watch combines the ultimate in automatic accuracy with exclusive Carrera y Carrera style craftmanship. The Troya is made in 18 karat gold with diamonds and has a transparent back case for viewing the precision movement. This timepiece features a fine alligator watchband.

La montre *Troya* de fabrication limitée de Carrera y Carrera réunit la plus haute précision automatique et l'esthétique exclusive des réalisations Carrera y Carrera. La Troya est en or 18 carats avec des diamants et possède un boîtier à arrière transparent qui révèle son mouvement de précision. Elle est dotée d'un bracelet en crocodile véritable.

CARRERA Y CARRERA INC.
1270 Avenue of the Americas
Suite 2708
New York, NY 10020

CARRERA Y CARRERA S.A.
A.P. Correos 1 KM. 31.5 N. 1
San Augustin, Guadalix 28750
Spain

Founded 1885, Madrid

AUTOMATIC
27

Tabbah

The *Copacabana* by Tabbah is a watch of incomparable feminine design. Answering to the criteria of refinement, beauty and luxury, it celebrates today's woman. The most talented designers, skilled craftsmen and watchmakers have combined efforts to create a watch of Swiss-made classic design. Oval in shape, it is made in 18 karat yellow gold. The bezel is set with 18 diamonds and the *Copacabana's* dial has 8 additional diamonds bringing the total to 26 diamonds. The crocodile strap has a patented deployment buckle.

La *Copacabana* de Tabbah est d'une incomparable féminité. Par son raffinement, sa beauté et son luxe, elle célèbre la femme contemporaine. Les dessinateurs les plus inspirés, les artisans les plus talentueux et les horlogers les plus compétents ont unis leurs efforts pour créer cette montre classique de facture suisse. De forme ovale, la *Copacabana* est réalisée en or jaune 18 carats. Sa lunette est ornée de 18 diamants sertis et son cadran de 8 autres diamants, ce qui porte le total à 26 diamants. Le bracelet en crocodile est fermé par une boucle à déploiement brevetée.

TABBAH
9619 Brighton Way
Beverly Hills, CA 90210

MDI TABBAH S.A.
Route De Chantemerle 1
1763 Granges-Paccot
Switzerland

Founded 1862

Tabbah
SWISS MADE

KRIËGER®
CHRONOMÈTRES SUISSES

To provide superior durability, this rugged watch is machined from a block of 18 karat gold. The sapphire crystal has antiglare coating and offers an extraordinarily clear view of the dial. The clear back provides a fascinating view of the exquisite 25 jewel automatic movement. Like all Kriegers, the Krieger *Aficionado* is a superlative certified Swiss chronometer. Featured are 3 time recorders, moonphase, GMT time, day of the week and day of the month. The watch is water-resistant to 100 meters.

Pour lui conférer une durabilité supérieure, cette montre robuste est usinée dans un bloc d'or massif 18 carats. Un verre saphire à revêtement antireflets autorise une vue parfaite du cadran. Son fascinant mouvement automatique à 25 rubis est visible par l'arrière transparent du boîtier. Comme toutes les montres Kriegers, l'*Aficionado* de Krieger est un chronomètre exceptionnel de fabrication suisse certifiée. Outre ses trois enregistreurs chronographiques, il indique les phases de la lune, l'heure GMT, le jour de la semaine et la date. Il est étanche jusqu'à 100 mètres de profondeur.

KRIËGER
Chronomètres Suisses
Kriëger Watch Corporation
407 Lincoln Road
Miami Beach, FL 33139

BASE 30 PULSATIONS
KRIËGER
OFFICIALLY CERTIFIED
SWISS CHRONOMETER

Precious metals

LE TEMPS
CHANEL

Simplicity and purity of line, hallmarks of Chanel style marks the 18 karat gold Matelassée watch from Le Temps Chanel Collection. The flexible bracelet of diamond-shaped links wraps the wrist like a sensual velvet band. Bracelet and black lacquer dial both echo the quilted pattern that is a Chanel signature. Impeccable Swiss craftsmanship and international appeal allow Chanel timepieces to go effortlessly from elegant essentials by day to rich ornaments by night.

Simplicité et pureté de la ligne, dans la grande tradition de Chanel, caractérisent la montre Matelassée en or 18 carats de la collection Le Temps Chanel. Un bracelet souple à maillons en losanges la maintient au poignet avec toute la sensualité du velours. Le bracelet et le cadran de laque noire reprennent tous deux le motif piqué classique signé Chanel. Les montres Chanel, par leur irréprochable fabrication suisse et leur présentation internationale, s'intègrent aussi naturellement à la sobre élégance essentielle du jour qu'aux riches ornements du soir.

CHANEL, INC.
15 East 57th Street
New York, NY 10022

CHANEL
7, Place Vendôme
75001 Paris
France

Founded 1915, Paris, France

CHANEL
SWISS

PIAGET

Flawless in detail, the gentlemen's *Piaget Polo* watch with automatic movement is distinguished by a sophisticated bracelet design with links resembling classic fluted columns. Case and bracelet with deployant clasp are meticulously crafted by hand from solid 18 karat gold. The gold dial, richly enameled in white, features a sweep-second hand, applied gold markers and date display. Protected by a synthetic sapphire crystal, the *Piaget Polo* watch is water-resistant to 5 atm.

Irréprochable dans ses moindres détails, la montre *Piaget Polo* pour hommes est dotée d'un mouvement automatique; elle se distingue par le design sophistiqué de son bracelet à maillons cannelés inspirés par les colonnades classiques. Son boîtier et son bracelet à fermoir déployable sont en or 18 carats minutieusement travaillé à la main. Elle possède un cadran or richement émaillé de blanc, avec trotteuse centrale, repères horaires appliqués et calendrier. Protégée par un verre en saphir synthétique, le *Piaget Polo* est étanche à l'eau jusqu'à 5 atm.

PIAGET WATCH COMPANY
125 Chubb Avenue
Lyndhurst, NJ 07071

PIAGET NTERNATIONAL S.A.
8 Rue Jacques Grosselin
CH 1211 Geneva 24
Switzerland

Founded 1874, La Côte-aux-Fées, Switzerland

PIAGET
Automatic

CORUM
More than a watch. An Heirloom.

Introduced in 1965, the Corum *Gold Coin* watch captures all the pride of the American pioneer spirit and the power of a national symbol. A magnificent authentic "Double Eagle" U.S. $20 gold piece, first minted in 1848 at the beginning of the California gold rush, is carefully sliced in half, an ultra-flat quartz or mechanical movement cushioned inside. Resealed by an 18 karat gold band, this unique timepiece with scratch-resistant sapphire crystal is water-resistant.

Lancée en 1965, la montre Corum *Gold Coin* capture toute la fierté de l'esprit d'entreprise américain et la puissance du symbole national. Elle est réalisée dans les deux moitiés soigneusement découpées d'une authentique pièce d'or de 20 dollars "Double Eagle", frappée pour la première fois en 1848 au début de la ruée vers l'or, et dotée d'un mouvement ultra-plat à quartz ou mécanique. Refermée par une bague d'or 18 carats, cette montre exceptionnelle est protégée par un verre saphir résistant à la rayure et étanche à l'eau.

CORUM WATCH COMPANY
125 Chubb Avenue
Lyndhurst, NJ 07071

CORUM RIES BANNWART & CO.
Rue de Petit Chateau
CH 2301 La Chaux-de-Fonds
Switzerland

Founded 1955, La Chaux-de-Fonds, Switzerland

UNITED STATES OF AMERICA
CORUM
QUARTZ
DOLLARS

Tabbah

Centerpiece of the Tabbah collection, the Swiss-made *Saga* automatic with power reserve in solid 18 karat gold is the result of years of painstaking development. Harmoniously blending fine design and advanced technology, *Saga* is and remains a unique timepiece. The unscratchable sapphire crystal, the screwed crown and the swivelling caseback mounted on a chenier hinge guarantee water-resistance to a depth of 30m. Made in limited quantities, each *Saga* serial number is authenticated by a certificate.

Pièce maîtresse de la collection Tabbah, la montre *Saga* automatique avec réserve de marche en or massif 18 carats de fabrication suisse est le couronnement de longues années de recherche. Elle se caractérise par une harmonieuse alliance d'esthétisme et de haute technicité. Son verre saphir inrayable, sa couronne vissée et son fond à bascule monté sur charneron assurent son étanchéité jusqu'à 30 mètres. Produite en nombre limité, chaque montre *Saga* est accompagnée par un certificat d'authenticité portant son numéro de série.

TABBAH
9619 Brighton Way
Beverly Hills, CA 90210

MDI TABBAH S.A.
Route De Chantemerle 1
1763 Granges-Paccot
Switzerland

Founded 1862

Tabbah
SWISS MADE

MOVADO®
The Museum® Watch.

The Movado 1881 Collection evokes the character of legendary Movado designs from the 1920's to 50's. This manually-wound model, *Movado 1881*, features a rectangular two-piece 18 karat gold case with lugs that elegantly extend the profile. Bezel and mineral crystal are attached to the caseback by four gold screws. Inner seals assure water-resistance. The white dial is detailed by applied gold sticks and Arabic numerals, seconds subdial, and blue steel spade hands.

Les montres des Movado Suisse 1881 Collection évoquent toute l'originalité des légendaires Movado des années 1920 à 1950. Ce modèle, *Movado 1881*, à remontage manuel possède un boîtier rectangulaire en or 18 carats en deux éléments, dont les attaches élégantes viennent allonger la ligne. La lunette et le verre en cristal minéral sont fixés à l'arrière du boîtier par quatre vis en or. Des joints internes assurent son étanchéité à l'eau. Cadre blanc à barettes et chiffres arabes or appliqués, cadran des secondes, aiguilles classiques en acier bleu.

MOVADO WATCH COMPANY
125 Chubb Avenue
Lyndhurst, NJ 07071

MOVADO WATCH COMPANY
Bettlachstrasse 8
CH 2540 Grenchen
Switzerland

Founded 1881, La Chaux-de-Fonds, Switzerland

MOVADO
SWISS MADE

la NOUVELLE BAGUE
FIRENZE

The *Theorema* watch was created by La Nouvelle Bague of Florence, Italy. The case is in solid 18 karat pink and white gold, with a Swiss ETA 976-001 quartz movement and a choice of crocodile strap in either bordeaux, green or blue. The watch is part of a collection which has the heart as its common element; a symbol deeply entrenched in our cultural and emotional consciousness. The evolution of this archetype into a variety of seductive forms is an inspired means of transcending the purely sentimental.

La montre *Theorema* a été créée en Italie par La Nouvelle Bague de Florence. Elle possède un boîtier en or massif rose et blanc 18 carats et un mouvement à quartz suisse ETA 976-001; son bracelet en crocodile est disponible au choix en bordeaux, vert ou bleu. La *Theorema* appartient à une collection ayant pour thème central le coeur, avec toutes ses connotations culturelles et émotives. Les multiples déclinaisons inspirées de cet archétype familier s'élèvent au-dessus du niveau du simple sentimental.

LA NOUVELLE BAGUE
Italian Jewelry Distribution
5 East 57th Street
New York, NY 10022

LA NOUVELLE BAGUE
Corso Dei Tintori, 21
50122 Florence
Italy

Founded 1976, Florence, Italy

LA
NOUVELLE
BAGUE

Tourbillon, Skeleton and Repeater

VACHERON CONSTANTIN
Geneva since 1755

The *Skeleton Minute Repeater* from Vacheron Constantin's Les Complications family features a handwound mechanical movement encased in 18 karat rose gold. At 3.28 mm, this classic masterpiece is the thinnest of its kind made today. Along with keeping highly accurate time, it strikes the hours, quarters and minutes at the press of a finger. This is a limited edition series.

Montre-bracelet Vacheron Constantin dite *Répétition-Minutes* (version squelette) dela ligne Les Complications. Il s'agit d'une réplique exacte d'un modèle de la marque de la fin des années trente. Le mouvement à remontage manuel est étonnament plat: 3.28 mm. Sonnerie sur demande des heures, quarts et minutes sur deux timbres. Le boîtier est en or rose 18 carats. C'est une serie limitée.

VACHERON CONSTANTIN INC.
20 West 55th Street
New York, NY 10019

VACHERON CONSTANTIN S.A.
1 Rue des Moulins
CH 1204 Geneve
Switzerland

Founded 1755, Geneva, Switzerland

125
YEARS
IWC
International Watch Co Ltd, Schaffhausen . Switzerland
Since 1868

Il Destriero Scafusia, dubbed "The Warhorse", is a technical achievement that is virtually unequaled. The most complex wristwatch ever made, *Il Destriero Scafusia* unites the most ingenious mechanisms, including the split second chronograph, minute repeater, perpetual calendar and tourbillon, with centuries of craftmanship. This timepiece crafted in 22 karat gold or platinum, has behind it a select team of master craftsmen working for hundreds of hours over a period of several months. This masterpiece of art and technical prowess is exclusive. IWC watchmakers will assemble exactly 125 timepieces to order.

Le Destriero Scafusia est un achèvement technique encore inégalé. La montre-bracelet la plus complexe jamais fabriquée unit les mécanismes les plus ingénieux—notamment le chronographe à la fraction de seconde, la répétition des minutes, le calendrier perpétuel et le tourbillon—à des siècles de savoir-faire. Cette montre exactissime constitue une première dans l'histoire de l'horlogerie moderne. La fabrication de chaque exemplaire—en or 22 carats ou en platine—represente des centaines d'heures de travail, réparties sur plusieurs mois, d'une équipe choisie de maîtres artisans. Ce chef—d'oeuvre artistiue et technique est donc des plus exclusifs—les horlogers, d'IWC assembleront exactement 125 "destriers" sur commande.

IWC, INTERNATIONAL WATCH CO., LTD.
P.O. Box 1807
Winchester, VA 22604

IWC, INTERNATIONAL WATCH CO., LTD. SCHAFFHAUSEN, SWITZERLAND
P.O. Box 692
CH 8201 Schaffhausen
Switzerland

Founded 1868, Schaffhausen, Switzerland

IWC
SCHAFFHAUSEN
TOURBILLON
SAM SON MON DIE MIT DON FRE
AUG SEP OKT NOV DEZ JAN FEB MAR APR MAI JUN JUL
SWISS
MADE

Cartier

Cartier, inventor of the modern wristwatch, designed the 18 karat *Pasha* Tourbillon with Perpetual Calendar for the connoisseur of high precision mechanisms. Its transparent dial displays the incredible complexity of its automatic movement. This watch is water-resistant, as was the first Cartier Pasha watch created by Louis Cartier for the Pasha of Marrakech, who would lose track of time while luxuriating in his sumptuous bathing pools. The *Pasha* Tourbillon is delivered in the Cartier motorized case, a refined and precious accessory that rewinds the watch automatically.

Cartier, l'inventeur de la montre-bracelet moderne, créa pour l'amateur de mécanismes de haute précision la *Pasha* Tourbillon 18 carat dotée d'un Calendrier Perpétuel. Son cadran transparent révèle l'authentique complexité de son mouvement automatique. Cette montre est étanche, à l'instar de la première montre Pasha, créée par Louis Cartier pour le Pasha de Marrakech, qui perdait toute notion du temps lorsqu'il goûtait les délices de ses somptueuses piscines. La *Pasha* Tourbillon est fournie dans l'écrin électrique Cartier, accessoire raffiné et précieux qui remonte la montre automatiquement.

CARTIER INC.
653 Fifth Avenue
New York, NY 10022

CARTIER
13 Rue de la Paix
75002 Paris

Founded 1847, Paris

CARTIER
FRI SAT SUN
THU WED TUE
LEAP-YEAR
JAN MAR MAY JUL SEP
50
40
30
20
10

DANIEL ROTH

The Daniel Roth *Double Face Tourbillon*, which has brought international renown and prestige to its highly talented creator, is the first watch made having this unique shape. With the power reserve and date indicated on the caseback, it is still the only double face tourbillon in existence worldwide. This exceptional watch features a mechanical hand-wound movement and a 40-hour power reserve. The seconds are indicated on 3 superimposed graduated zones (0-20 secs., 20-40 secs., 40-60 secs.) with 3 hands of different lengths. Like all Daniel Roth complications, each tourbillon watch is numbered and is available in 18-karat white, yellow and pink gold, as well as in platinum.

Le *Double Face Tourbillon* Daniel Roth, qui a apporté une renommée internationale ainsi que le prestige à cet horloger extrêmement doué, a été la première montre créée dans cette forme unique. La date, ainsi que la réserve de marche, sont indiquées au dos de cette montre qui est le seul tourbillon double face existant au monde. Cette pièce exceptionnelle à remontage manuel est dotée d'une réserve de marche de 40 heures. L'indication des secondes se fait par 3 aiguilles de longueurs différentes sur 3 zones superposées, allant de 0 à 20 sec., 20 à 40 sec. et 40 à 60 sec. Comme toutes les montres à complication Daniel Roth, chaque tourbillon est individuellement numéroté. Disponible en or jaune, gris ou rose, ainsi qu'en platine.

DANIEL ROTH
257 Adams Lane
Hewlett, NY 11557

DANIEL ROTH SA
4 Rue de la Gare
CH-1347 Le Sentier
Switzerland

Founded 1988, Le Sentier, Switzerland

DANIEL ROTH
Numero 173
TOURBILLON
de MARCHE
HAUT

CHRONOSWISS
Fascination of Watchmaking

The perfectly shaped case of this numbered edition *Opus* is composed of 24 parts and is watertight to 30 meters. The skeleton design of the Chronoswiss caliber C.741S automatic movement is observable, not only through the intricate skeleton dial but also through the sapphire glass bottom. Stylish blue steel hands, a screw-on bezel and a gold bracelet complement this artistic timepiece. Chronoswiss has named this watch *Opus*; a work for eternity.

Le boîtier aux formes parfaites de l'*Opus* individuellement numérotée se compose de 24 pièces et est étanche à 30 mètres. Le mouvement automatique Chronoswiss de calibre C.741S est visible non seulement par les découpes ménagées dans le cadran mais aussi par le fond en verre saphir du boîtier. D'élégantes aiguilles en acier bleui, une lunette vissée et un bracelet en or viennent compléter cette artistique montre que Chronoswiss a nommée *Opus* : oeuvre d'une éternelle valeur.

CHRONOSWISS
UTime Company Inc.
201 Route 17 North
Rutherford, NJ 07070

CHRONOSWISS UHREN GmbH
Allacher Strasse 228 e
80999 Munchen
Germany

Founded 1980, Munich, Germany

CHRONOSWISS
C.741 KAIROS N°015

MANUFACTURE
GIRARD-PERREGAUX
DEPUIS 1791

Tourbillon #14 is the latest of a new generation of Tourbillon with Golden Bridge. It is fitted with a dial cut from pure gold, guilloché by hand and delicately silvered, with cutouts showing the subtle tourbillon mechanism and the power reserve indicator. A small second hand contained in a platinum, pink gold or yellow gold case, metes out the time. In the watchmakers world, producing a tourbillon movement is indicative of an exceptional level of skill unique to a mere handful of master watchmakers. Girard-Perregaux is proud that the pages of its history bear witness to the perpetuation of this masterly art.

La *Tourbillon 14* est la dernière venue d'une nouvelle génération de montres Tourbillon à pont d'or. Elle possède un cadran en or massif guilloché à la main et délicatement argenté dont les découpes révèlent le subtil mécanisme tourbillon et l'indicateur de réserve. Sa petite aiguille des heures est contenue dans un boîtier en platine, en or rose ou en or jaune. Dans le monde de l'horlogerie, la production d'un mouvement tourbillon témoigne d'un niveau de technique exceptionnel que ne possèdent qu'une poignée de maîtres-horlogers. Girard-Perregaux est fier d'inscrire dans les pages de son histoire une réalisation qui contribue à la pérennisation de ce grand art.

GIRARD-PERREGAUX USA
UTime Company, Inc.
201 Route 17 North
Rutherford, NJ 07070

GIRARD-PERREGAUX S.A.
1 Place Girardet
CH-2301 La Chaux-de-Fonds
Switzerland

Founded 1791, Geneva, Switzerland

TOURBILLON
№14
Girard-
Perregaux
SWISS MADE

BVLGARI

As part of Bvlgari's Grande Complication Collection, the *Tourbillon* is not only unique, but a true work of art. Having been created after months of careful workmanship, the Anfiteatro design takes its inspiration from the ancient amphitheaters of Rome, and features a gold circular concave case bearing the engraved Bvlgari logo. The dial, hands, and markers are also in gold, with an opaline silver-plated face.

Pièce de la collection Grande Complication de Bvlgari, la *Tourbillon* est une montre unique autant qu'une véritable oeuvre d'art. Conçue au prix de mois de travail intensif, la ligne Anfiteatro, avec son boîtier circulaire concave en or gravé aux armes de Bvlgari, s'inspire des amphithéâtres de la Rome antique. Le cadran, les aiguilles et les repères sont également en or, avec placage opalin argent.

BULGARI CORPORATION OF AMERICA
730 Fifth Avenue
New York, NY 10019

BULGARI DISTRIBUZIONE SpA
Lungotevere Marzio, 11
00186 Roma
Italia

Founded 1884, Rome, Italy

BVLGARI
TOURBILLON
SWISS
MADE

The *Fountain* Lépine musical alarm pocket watch has four automata movements; the shepherdess pumps the water, the water flows, the horse drinks from the fountain and the horseman moves his arm on which sits a falcon. While the scene is moving, a classical tune is played on a tiny 17 note musical movement, the smallest in the world. Each watch is numbered and has a high quality mechanical, shock-absorbent, 18 jewel watch movement. This watch is also available with an erotic scene on the back. Charles Reuge automaton pocket watches offer the unique combination of Swiss precision watchmaking with music and automation and are much prized by collectors of unusual timepieces.

La montre de poche à alarme musicale *Fountain* de Lépine possède quatre automates: la bergère pompe de l'eau; l'eau coule; le cheval boit à la fontaine; et le cavalier déplace son bras, un faucon posé sur son poing. Quand le paysage s'anime, un mouvement musical à 17 notes, le plus petit du monde, joue un air classique. Chaque montre est numérotée et dotée d'un mouvement mécanique à 18 rubis de haute qualité résistant aux chocs. Ce modèle est également disponible avec une scène érotique au dos. Les montres de poche à automates de Charles Reuge offrent cette exceptionnelle combinaison de l'horlogerie suisse de précision à mouvement musical et d'automatisation. Elles sont particulièrement appréciées des collectionneurs de montres rares.

REUGE MUSIC USA LTD.
5741 Buckingham Parkway
Unit B
Culver City, CA 90230

REUGE SA
1450 Sainte-Croix
Switzerland

Founded 1865, Sainte-Croix, Switzerland

CHARLES REUGE

ULYSSE NARDIN

Mechanical Chronometers
and other rare timepieces
since 1846

Ulysse Nardin based the design of the *Sonnerie en Passant* on the famous bronze Jaquemarts that strike the ancient bell atop the Campanile in Venice. The Jaquemart on the *Sonnerie en Passant's* baked enamel dial marks each passing hour and half-hour by striking a bell while the movement sounds a captivating chime. The automatic movement also has an hour repeating device. Each piece is crafted entirely by hand in 18 karat gold or platinum.

La *Sonnerie en Passant* d'Ulysse Nardin s'inspire des fameux Jaquemarts de bronze qui frappent de leur marteau la cloche située au sommet du Campanile de la place St-Marc à Venise. Le Jaquemart frappe automatiquement les heures et demi-heures, accompagné d'une sonnerie qui peut en tous temps être rappelée par simple pression sur l'un des poussoirs. Chaque *Sonnerie en Passant* d'Ulysse Nardin est réalisée entièrement à la main, en or 18 carat ou en platine.

ULYSSE NARDIN
Trilogy, Inc.
95 Cedar Lane
Englewood, NJ 07631

ULYSSE NARDIN, S.A.
3, Rue du Jardin
CH 2400 Le Locle
Switzerland

Founded 1846, Le Locle, Switzerland

ULYSSE NARDIN
SWISS MADE

Featuring an individually numbered automatic movement with a Côtes de Genève finish, this timepiece, the *Classic,* from the historic makers of pocket watches has an individually numbered gold case and a unique gold laquered dial as well as gold hands and markers. It also has a 21 karat gold engraved rotor, a crocodile leather strap with an engraved buckle and is water-resistant. An 18 karat gold bracelet with a gold engraved buckle is available on request.

Equipée d'un mouvement automatique personnalisé, décoré Côtes-de-Genève, cette montre, *Classic* sort des ateliers de l'Ancienne Manufacture des Montres HAAS & Cie. Boîtier 3 pièces numéroté, cadran en or massif, laqué, avec indexes, aiguilles et boucle également en or. Le rotor du mécanisme automatique est en or 21 carat. Le bracelet classique en crocodile termine cette pièce, aussi disponible avec un bracelet en or massif. Résistante à l'eau.

KENJO
40 West 57th Street
New York, NY 10019

SECOND TIME AROUND
8840 Beverly Boulevard
West Hollywood, CA 90048

HAAS & CIE SA
Rue de Mont-le-Grand 8
1185 Mont-Sur-Rolle
Switzerland

Founded 1848, Geneva, Switzerland

HAAS & C[IE]
GENEVE

Complications

125
YEARS
IWC

International Watch Co Ltd, Schaffhausen . Switzerland
Since 1868

To mark the tenth anniversary of the renowned Da Vinci automatic chronograph with a perpetual calendar and moon phase display, IWC has added a tenth hand, not just for its own sake, but to make the watch a bit more complicated and a touch more fascinating. Connoisseurs of watch-making complications are spellbound with the newest hand: a split second hand that makes the Da Vinci the most complex and unusual type of mechanical timepiece known, a split second chronograph, accurate to 1/8 of a second. Only 500 of the limited *Jubilee Platinum Da Vinci* masterpieces have been created, making it exquisite and exclusive.

Pour marquer le dixième anniversaire du célèbre chronographe automatique Da Vinci avec calendrier perpétuel et affichage des phases de la lune, IWC a ajouté une dixième aiguille. Non purement décorative: elle constitue un raffinement technique et ajoute encore à la fascination de cette montre. Les connaisseurs de complications sont subjugués par la dernière aiguille. Elle indique les fractions de seconde et fait de la Da Vinci le chronomètre mécanique le plus complexe et le plus extraordinaire qui soit—précis au huitième de seconde près. Seuls 500 de ces chefs-d'oeuvre en platine célébrant l'anniversaire de la Da Vinci ont été fabriqués, ce qui en fait des pièces tout à fait exclusives.

IWC, INTERNATIONAL WATCH CO., LTD.
P.O. Box 1807
Winchester, VA 22604

IWC, INTERNATIONAL WATCH CO., LTD. SCHAFFHAUSEN, SWITZERLAND
P.O. Box 692
CH 8201 Schaffhausen
Switzerland

Founded 1868, Schaffhausen, Switzerland

IWC
Schaffhausen
DIM LUN MAR MER JEU VEN SAM
DEC JAN FEV MAR AVR MAI JUN JUL AOU SEP OCT NOV
1995

Breguet
Depuis 1775

An example of pivotal invention and valuable innovation, this gent's wristwatch #3330BA/11/286 in 18 karat yellow gold has a self-winding movement showing the day, date, the phases and age of the moon. It has an off-centered chapter ring. This timepiece is a modern-day descendant of a pocket watch made between 1823 and 1828 – the most complicated watch made by Breguet of such small, slim dimensions. Even today all parts of Breguet watches continue to be handmade utilizing the traditional methods of Abraham Louis Breguet's time.

Exemple d'inventivité essentielle et d'innovation de valeur, cette montre-bracelet pour homme 3330BA/11/286 en or jaune 18 carats à mouvement à remontage automatique est dotée d'un calendrier indiquant le jour, la date, les phases et l'âge de la lune, et possède un tour d'heures excentré. Réinterprétation moderne d'une montre de gousset fabriquée entre 1823 et 1828, c'est la montre plate et compacte la plus complexe jamais réalisée par Bréguet. Toutes les pièces des montres Bréguet sont, aujourd'hui encore, produites à la main selon les techniques traditionnelles appliquées du temps d'Abraham Louis Bréguet.

BREGUET USA
UTime Company Inc.
201 Route 17 North
Rutherford, NJ 07070

MONTRES BREGUET S.A.
46A, Avenue Général-Guisan
CH-1009 Pully
Switzerland

Since 1775

SUN
BREGUET 4599
0 5 10 15 20 25 29½

URBAN JÜRGENSEN & SØNNER
Manufacturers of Collectors Watches
COPENHAGEN
Since 1773

With a perpetual calendar and power reserve indicator *Reference 3* is based on a 40 jewel movement which is only 2.4 mm thick. The engine-turned silver dial, craftsman finished gold hands which alone require several hours work, domed sapphire crystal and distinctive olive-shaped lugs on the water-resistant case harmonize to make this a timepiece of exceptional beauty and elegance. Production is strictly limited to 300 individually numbered pieces.

Le *Modèle 3* possède un mouvement automatique de 40 rubis, ainsi qu'un calendrier perpétuel et une réserve de marche. Cette montre extra-plate ne mesure que 2,4 mm de hauteur. Le cadran est en argent guilloché, recouvert par une glace saphir sphérique. Les aiguilles, entièrement terminées à la main, contribuent à l'élégance et l'harmonie de cette pièce. Jugez plutôt: la seule finition des aiguilles nécessite plusieurs heures de travail. Le boîtier étanche est livrable en or rose, jaune ou en platine. La production de cette montre est limitée à 300 pièces numérotées.

URBAN JURGENSEN & SONNER
P.O. Box 7140
CH-2500 Bienne 7
Switzerland

Founded 1773, Copenhagen

FRI
AUG

Manufacture
GIRARD-PERREGAUX
DEPUIS 1791

The case of the *Ferrari* is made of yellow gold, the back of which is fixed by 6 white gold screws. The rounded glass is made of sapphire. A crown and pushers complete the subtle balance. The placing of the counters, the choice of hands, and the fine texture create a dial having a sober elegance with excellent visibility. On request, a deployment buckle specially conceived and made of gold, can be adjusted to fit a traditionally designed strap, cut and handmade in selected warm-toned leathers. The exceptionally high quality level of the chronograph mechanism with fly-back hand can obviously only be united with noble materials such as gold, sapphire glass and carefully selected leathers worked by craftsmen.

Le boîtier de la montre *Ferrari* est en or jaune, à fond vissé par 6 vis d'or blanc. Son verre saphir bombé, sa couronne et ses poussoirs viennent compléter le subtil équilibre de l'ensemble. L'emplacement des trotteuses, le style des aiguilles et le choix de texture produisent un cadran d'une sobre élégance et d'une excellente lisibilité. Un fermoir déployable en or spécialement conçu, disponible sur demande, s'adapte à un bracelet de facture traditionnelle en cuirs aux tons chauds coupés et assemblés à la main. Le mécanisme du chronographe de qualité exceptionnelle à rattrapante ne saurait exiger rien de moins que des matériaux nobles tels que l'or, le verre saphir et les cuirs soigneusement sélectionnés et travaillés par des artisans de talent.

GIRARD-PERREGAUX USA
UTime Company, Inc.
201 Route 17 North
Rutherford, NJ 07070

GIRARD-PERREGAUX S.A.
1 Place Girardet
CH-2301 La Chaux-de-Fonds
Switzerland

Founded 1791, Geneva, Switzerland

Girard-Perregaux

UNIVERSAL GENEVE

Universal Geneve's understated simplicity is evident in the *Golden Master Tech*. This classic timepiece has a mechanical movement, split second chronograph and a power reserve indicator. Encased in 18 karat gold, this watch also features a brushed dial, domed hesalite crystal and a crocodile strap with personalized twin-blade clasp. It is water-resistant to 50 meters.

La simplicité minimaliste d'Universal Genève est évidente dans la *Golden Master Tech*. Cette montre classique a un mouvement mécanique, un chronographe à rattrapante et un indicateur de réserve de marche.
Dans son boîtier en or 18 carats, elle se distingue par un cadran brossé, un verre en saphir de hésalite à dôme et un bracelet en crocodile avec boucle personnalisée à double ardillon. Elle est étanche jusqu'à 50 mètres.

UNIVERSAL GENEVE
Distributed by Wittnauer International Inc.
145 Huguenot Street
New Rochelle, NY 10802

UNIVERSAL GENEVE
29, Route de Jussy
CH-1226 Thonex-Geneve
Switzerland

Founded 1894, Geneva, Switzerland

UNIVERSAL GENEVE
Km/h

Maurice Lacroix
OF SWITZERLAND

Dating from the heyday of traditional watchmaking, this handwound wristwatch, the *Caliber 63* with alarm function is featured in the prestigious Masterpiece Collection by Maurice Lacroix. It combines an historic Swiss movement, caliber AS 1931, with modern technological standards. The 100 ft. water-resistant case in high-grade steel with an 18 karat gold bezel and two sapphire crystals protect a delicate dial with genuine mother-of-pearl inlays. Individually numbered, each watch is accompanied by a Masterpiece Certificate.

Cette montre le *Calibre 63* mécanique à-remontage manuel et fonction réveil fait partie de la prestigieuse collection Masterpiece de Maurice Lacroix. Elle est dotée d'un mouvement original, l'AS 1931, des années qui ont marqué l'apogée de l'horlogerie mécanique suisse. La technologie de pointe de Maurice Lacroix vient ajourd'hui enrichir ce calibre historique. Le bôitier en acier, étanche à 30m, est rehaussé d'une lunette en or 18 carats. Deux verres saphir protègent le mouvement et le délicat cadran serti de nacre. Chaque montre est numérotée et accompagnée d'un certificat d'authenticité.

MAURICE LACROIX USA
17835 Ventura Boulevard
Suite 301
Encino, CA 91316

MAURICE LACROIX SWITZERLAND
Brandschenkestrasse 2
8039 Zürich
Switzerland

Founded 1975, Saignelegier, Switzerland

Maurice Lacroix
Réveil
WATERRESISTANT

EBEL
the architects of time

Containing one of the few automatic chronographs that is also an officially certified chronometer, the Le Modulor movement in this Ebel watch took five years to develop. Called *Le Modulor Chronograph,* the dial's layout gives depth to the subtle equations of handturned guilloche patterns and registers in mother-of-pearl. The hand engraved movement is visible through the sapphire crystal caseback. This limited series watch is made of 18 karat gold and has a brown crocodile strap.

Cette montre Ebel contient l'un des rares chronographes automatiques qui sont aussi des chronomètres officiellement certifiés, le mouvement Modulor, dont la conception et la mise au point ont exigé cing ans de travaux. Le dessin du cadran du *Chronographe Le Modulor* donne de la profondeur aux subtiles variations des motifs guillochés tournés à la main, rehaussés d'incrustations de nacre. Le mouvement gravé à la main lui aussi est visible par le verre saphir de l'arrière du boîtier. Cette montre de série limitée réalisée en or 18 carats est présentée avec un bracelet en crocodile marron.

EBEL USA, INC.
750 Lexington Avenue
New York, NY 10022

MONTRES EBEL SA
113 Rue De La Paix
CH-2300 La Chaux-de-Fonds
Switzerland

Founded 1911 La Chaux-de-Fonds, Switzerland

Ebel
automatic
certified chronometer

Chopard
GENÈVE

Chopard has created this complicated and high quality *Perpetual Calendar Chronograph* for watch enthusiasts. Its name is rightly "perpetual calendar" since it indicates the day, date, week, month, year, phases of the moon and seasons. Its movement is automatic. It is available in 18 karat yellow gold, rose gold and platinum. Each series is limited to 50 watches.

Chopard a créé pour les passionnés de montres compliquées de haute qualité ce chronographe. Il est nommé "quantième perpétuel" à juste raison puisqu'il indique le jour, la date, la semaine, le mois, l'année ainsi que les différentes phases de la lune et des saisons. Son mouvement est automatique. Il est disponible en or jaune 18 carat, or rose et platine. Chaque série est limitée à 50 exemplaires.

CHOPARD WATCH CORP.
630 Fifth Avenue
Suite 3410
New York, NY 10111

CHOPARD & CIE S.A.
8 Rue de Veyrot
CH-1217 Meyrin 2 – Geneva
Switzerland

Founded 1860, Sonvilier, Switzerland

Chopard
GENÈVE
LEAP YEAR
JAN FEB MAR APR MAY JUN JUL AUG SEP OCT NOV DEC
WINTER
SPRING
SUMMER
FALL
SUN MON TUE WED THU FRI SAT
SWISS
MADE

BREITLING
1884

Developed in conjunction with the Frecce Tricolori, Italy's crack flying team, the Breitling *Chronomat* is the quintessential mechanical timepiece. This most technical *Chronomat* dial features aviation-style hour figures, raised and polished. The four rider tabs on the *Chronomat* bezel double as mobile guide marks and provide a convenient grip when rotating the bezel. The *Chronomat* design can also be optionally fitted with an auxiliary UTC, or Coordinated Universal Time, the worldwide reference time used by airlines everywhere. This electronic movement provides an additional time source.

Conçue en association avec la Frecce Tricolori l'équipe italienne d'acrobaties aériennes, la Breitling *Chronomat* est la montre mécanique quintessentielle. Son cadran hautement technique indique les heures en chiffres style aviation, polis et en relief. Les quatre pattes de la lunette du *Chronomat* servent également de repères mobiles et offrent une prise pratique pour tourner la lunette. Le *Chronomat* peut aussi être équipé en option d'un module auxiliaire UTC (Temps Universel Coordonné), à l'échelle de temps mondiale utilisée par toutes les compagnies aériennes. Ce mouvement électronique donne une source supplémentaire de chronométrage.

BREITLING USA
Two Stamford Landing
Stamford, CT 06902

BREITLING MONTRES S.A.
P.O. Box 1132
2540 Grenchen
Switzerland

Founded 1884, La-Chaux-de-Fonds, Switzerland

TACHYMETER
BREITLING
1884

GEVRIL

An automatic chronograph with Swiss made Dubois Depraz cal. 2025 movement, the 1.K0111.30.50.51.30 has a blue dial. The silver time graduation integrates at 12 hours, 30 minutes and 60 seconds counter. This chronograph has a threaded bezel and a threaded caseback. The 316L stainless steel watchcase has a threaded double-gasket-crown and is water-resistant up to 10 ATM.

Le chronographe automatique 1.K0111.30.50.51.30 à mouvement suisse Dubois Dépraz cal. 2025 est doté d'un cadran bleu à marqueurs intégrés en argent à 12 heures et 6 heures et d'une trotteuse. Il est doté d'une lunette et d'un boîtier arrière vissés. Le boîtier est en acier inoxydable 316L, à couronne vissée à double joint, étanche jusqu'à 10 atm.

GEVRIL USA
UTime Company, Inc.
201 Route 17 North
Rutherford, NJ 07070

GEVRIL S.A.
UTime Company Ltd.
Rue de Château 15
Case postale 58
2034 Peseux
Switzerland

Founded 1995, Peseux, Switzerland

GEVRIL

Classic

Breguet
Depuis 1775

Breguet watches are as handsome on the inside as they are on the outside. Breguet designs and manufactures some of the world's rarest and most refined timepieces with a sense of elegance and perfection. This gent's wristwatch #3490BA/12/274 in 18 karat yellow gold has a handwound movement with a subdial for the seconds. The Breguet dial is created by hand from a golden plate which is then silvered, giving this dial its unique color and distinctive appearance.

La beauté des montres Bréguet se manifeste tant dans leur présentation extérieure que dans leur mécanisme. La maison Bréguet dessine et produit certaines des montres les plus rares et les plus raffinées du monde, avec le souci d'élégance et de perfection auquel elle doit sa renommée. Cette montre-bracelet pour hommes 3490BA/12/274 en or jaune 18 carats possède un mouvement à remontoir manuel et un cadran secondaire pour les secondes. Le cadran Bréguet est réalisé à la main à partir d'une plaque d'or qui est revêtue d'argent ce qui lui donne son aspect et sa couleur caractéristiques.

BREGUET USA
UTime Company Inc.
201 Route 17 North
Rutherford, NJ 07070

MONTRES BREGUET S.A.
46A, Avenue Général-Guisan
CH-1009 Pully
Switzerland

Since 1775

BREGUET 1027

MOVADO®
The Museum® Watch.

The dial of the Movado *Museum Watch*, a legendary design now in the collections of museums around the world, was conceived by American artist Nathan George Horwitt in 1947. Rooted in the Bauhaus principles of simplicity, tastefulness and function, its stark blackness is broken by a single gold dot at 12 o'clock, symbolizing the sun at high noon. The Movado *Museum Watch* has an 18 karat micron gold finish case, quartz movement, flat mineral crystal and is water-resistant.

Le cadran de la Movado *Museum Watch* au design légendaire, qui figure aujourd'hui dans les collections de musées du monde entier, a été conçu par l'artiste américain Nathan George Horwitt en 1947. La montre est directement inspirée par les principes de simplicité, de fonctionnalité et d'esthétique du Bauhaus. Son cadran noir monochrome est ponctué d'un seul marqueur circulaire en or en position de midi, symbolisant le soleil à son zénith. La Movado *Museum Watch* possède un boîtier à placage micron or 18 carat, un mouvement à quartz, un verre en cristal minéral plat et est étanche.

MOVADO WATCH COMPANY
125 Chubb Avenue
Lyndhurst, NJ 07071

MOVADO WATCH COMPANY
Bettlachstrasse 8
CH 2540 Grenchen
Switzerland

Founded 1881, La Chaux-de-Fonds, Switzerland

STEVE
SWISS MOVADO QUARTZ

URBAN JÜRGENSEN & SØNNER

Manufacturers of Collectors Watches

COPENHAGEN

Since 1773

The extremely elegant *Reference 5* ultra-thin wrist watch has an engine-turned silver dial, craftsman finished gold hands and a domed sapphire crystal. The self-winding movement is protected by a water-resistant case. Available in yellow gold, rose gold or platinum, this classic timepiece is artful in its elegant simplicity.

Cette montre, *Modèle 5*, est étanche, ultra-plate et automatique. Observez son cadran en argent guilloché, sa glace saphir sphérique et la parfaite finition de ses aiguilles en or ! Sous son boîtier en or rose, jaune ou en platine, cette montre se révèle classique, dans son élégante simplicité.

URBAN JURGENSEN & SONNER
P.O. Box 7140
CH-2500 Bienne 7
Switzerland

Founded 1773, Copenhagen

URBAN JÜRGENSEN
COPENHAGEN

CONCORD®
Watchmakers Since 1908
SWISS

Introduced in 1979 as the thinnest watch in the world, the Concord *Delirium* is the preeminent example of the ultra-flat time technology pioneered and perfected by Concord. Water-resistant to 2 atm., the hand polished solid 18 karat gold rectangular case is a mere 2.95mm thick. Inside, an exquisitely engineered quartz movement keeps time accurately to within 60 seconds a year. The white dial has black Roman numerals. The *Delirium* is protected by a sapphire crystal.

Présentée en 1979 comme la montre la plus plate du monde, la Concord *Delirium* est le résultat et l'illustration parfaite de la technologie de l'ultra-plat développée et améliorée par Concord. Etanche jusqu'à 2 atm, son boîtier rectangulaire en or massif 18 carats poli à la main n'a que 2,95 mm d'épaisseur. Son mouvement à quartz, précis à 60 secondes près par an, est une merveille d'ingénierie horlogère. Son cadran blanc à chiffres romains noirs est protégé par un verre en cristal saphir.

CONCORD WATCH COMPANY
125 Chubb Avenue
Lyndhurst, NJ 07071

CONCORD WATCH COMPANY
63 Rue Central
CH 2501 Bienne
Switzerland

Founded 1908, Bienne, Switzerland

CONCORD
SWISS

DANIEL ROTH

World-renowned for his novel and exclusive creations, the *Stainless Steel Automatic* by Daniel Roth is a timepiece of the highest quality. Its meticulously hand-decorated self-winding movement is made in the finest tradition of Swiss watchmaking art. The *Stainless Steel Automatic* is available with a choice of dials: silvered, pink or anthracite, either with Roman numerals and luminous hour markers, or with luminous hour markers only. Other features include the date, a 40-hour power reserve and solid steel case waterproof to 3 ATM (atmospheres) due to the screw-locked caseback and crown.

Daniel Roth qui jouit d'une renommée mondiale grâce à ses créations originales et exclusives vous présente sa *Stainless Steel Automatic*, une montre de la plus grande qualité. Dotée d'un mouvement automatique, cette montre est minutieusement décorée à la main selon l'art horloger traditionnel suisse. La *Stainless Steel Automatic* est disponible avec différents cadrans lignés: argenté, rose ou anthracite, avec des chiffres romains et des index lumineux ou seulement avec des index lumineux. Cette montre indique la date et bénéficie d'une réserve de marche de 40 heures. Elle est étanche jusqu'à 3 atmosphères grâce a la couronne et au fond vissés.

DANIEL ROTH
257 Adams Lane
Hewlett, NY 11557

DANIEL ROTH SA
4 Rue de la Gare
CH-1347 Le Sentier
Switzerland

Founded 1988, Le Sentier, Switzerland

DANIEL ROTH

LION & SWORD

The officially certified chronometer *MK I* has been created in the finest watchmaking tradition, perfect to the very last detail. The design focuses on the essential elements of a watch: a classic understated case crafted from either yellow or white gold (18 karat), and the characteristic detailed dial in either white enamel or black lacquer. It features centrally arranged hour, minute, second and date scales and displays the power reserve of the self-winding mechanical movement at six o'clock.

Le *MK I* est un chronomètre officiellement certifié qui représente la tradition du savoir-faire dans le domaine des montres les plus raffinées. Son design fait ressortir les éléments essentiels à une montre: la boîte classique et discrete, réalisé en or jaune ou blanc (18 carat), et le cadran caractéristique, très détaillé qui est en émail blanc ou en laque noir. Les aiguilles indiquant l'heure, les minutes les seconds et la date sont placées au centre du cadran. L'indicateur de la réserve de marche du mouvement automatique se trouve à six heures.

LION & SWORD
Unitech Watches Ltd.
257 Adams Lane
Hewlett, NY 11557

LION & SWORD
Unitech Watches Ltd.
Bahnhofstrasse 17
8001 Zurich
Switzerland

Founded 1962, Zurich, Switzerland

LION & SWORD
RESERVE
LOW
HIGH
No 0101 ★ MK I
CHRONOMETER
T SWISS
MADE T

Luxury sport

ROLEX

Created by Rolex for sailors around the world, the Rolex *Yacht-Master* features a rotatable bezel to measure elapsed time. The rugged Oyster case, sculpted from solid 18 karat gold, and the Triplock winding crown and synthetic sapphire crystal protect the renowned Oyster perpetual movement from harmful elements such as salt and water. The *Yacht-Master* also features an 18 karat gold bezel and Oysterlock bracelet.

Crée par Rolex à l'intention des navigateurs du monde entier, la *Yacht-Master* est dotée d'une lunette tournante graduée en or 18 ct. permettant de mesurer le temps écoulé. Son boitier Oyster, practiquement incassable, est sculpté dans un bloc en or 18 ct. d'une seule pièce qui, avec une rémontoir entouré d'epaulements et une glace saphir inrayable, protège parfaitment le cèlebre mouvement Oyster perpetual contre toutes infiltrations nuisibles comme par example l'eau de mer. La *Yacht-Master* est munie d'une bracelet Oysterlock en or 18 ct.

ROLEX WATCH USA, INC.
665 Fifth Avenue
New York, NY 10022

MONTRES ROLEX S.A.
Case Postale 92
1211 Geneva 24
Switzerland

Founded 1906, Geneva, Switzerland

ROLEX
28
YACHT-MASTER
SUPERLATIVE CHRONOMETER
OFFICIALLY CERTIFIED
SWISS – T < 25

CONCORD®
Watchmakers Since 1908
S W I S S

The gentlemen's Concord *Saratoga Triple Crown* with automatic movement is a timepiece of distinction and precision. Crafted of solid 18 karat gold, the case and bracelet with deployant clasp are meticulously finished by hand. Protected by a scratch-resistant sapphire crystal, the handsomely detailed white lacquer dial features day, date and month subdials, a 48-hour power reserve with indicator and applied gold sticks. It is water-resistant to 5 atm.

La Concord *Saratoga Triple Crown* à mouvement automatique pour homme se caractérise par sa distinction et sa précision. Réalisés en or massif 18 carats, son boîtier et son bracelet à fermoir déployable sont méticuleusement finis à la main. Son élégant cadran laqué blanc, protégé par un verre en cristal saphir résistant à la rayure, possède des cadrans secondaires pour le jour de la semaine, la date et le mois, un indicateur de réserve de 48 heures et des barettes or appliquées. Elle est étanche jusqu'à 5 atm.

CONCORD WATCH COMPANY
125 Chubb Avenue
Lyndhurst, NJ 07071

CONCORD WATCH COMPANY
63 Rue Central
CH 2501 Bienne
Switzerland

Founded 1908, Bienne, Switzerland

CONCORD
SWISS MADE
RESERVE DE MARCHE
SAT SUN MON TUE WED THU FRI

BREITLING
1884

Since 1952, Breitling's *Old Navitimer* and its circular slide rule have remained an unquestioned reference, the preferred wrist instrument of countless pilots and navigators; valued for its simple, no-nonsense handling. Comparable to a genuine flight computer, Breitling's aviation slide rule easily calculates climbing and diving rates and fuel consumption, even converting miles to kilometers and vice versa. The *Old Navitimer* is crafted of steel and 18 karat gold.

Depuis 1952, la *Old Navitimer* de Breitling avec son cercle à calculer est restée une référence incontestée, l'instrument préféré qu'arborent au poignet d'innombrables pilotes et navigateurs, prisée pour sa facilité et sa simplicité d'usage. Véritable ordinateur de bord, le cercle à calculer aéronautique permet de calculer sans difficulté la vitesse en montée, en piqué et la consommation de carburant, et même de convertir les milles en kilomètres et vice versa. La *Old Navitimer* est réalisée en acier et en or 18 carats.

BREITLING USA
Two Stamford Landing
Stamford, CT 06902

BREITLING MONTRES S.A.
P.O. Box 1132
2540 Grenchen
Switzerland

Founded 1884, La-Chaux-de-Fonds, Switzerland

BREITLING
NAVITIMER
AUTOMATIC

NOBLIA®
'12' METER

This *Noblia '12' Meter* Louis Vuitton Cup Limited Edition timepiece is one of three hundred created worldwide. It is carved from a single block of stainless steel and individually numbered on the caseback. It is water-resistant to 333 feet, equipped with a perpetual calendar, auto start chrono and countdown timers for yacht racing. 22 karat gold plating ensures a lustrous finish.

Cette *Noblia '12' Mètres* Coupe Louis Vuitton est une montre de production limitée réalisée à 300 exemplaires seulement. Elle est taillée dans un bloc d'acier inoxydable et son boîtier est numéroté. Etanche jusqu'à 333 pieds, elle est dotée d'un calendrier perpétuel, d'un chronomètre à déclenchement automatique et de mécanismes de compte à rebours pour le départ des régates. Finition plaquée or à 22 carats.

NOBLIA TIMEPIECES
Division of Citizen Watch Company of America, Inc.
1200 Wall Street West
Lyndhurst, NJ 07071

Founded 1930, Tokyo, Japan

LOUIS VUITTON CUP

DELMA

SWISS

THE CLASSIC ART OF TIME

Inspired by the resilience of the enduring bridge that bears its name, the Delma *Rialto Sport* is elegantly curved to fit the contour of the wrist. Its scratchproof sapphire crystal protects the richly textured dial within a solid stainless steel case adorned with 18 karat gold micron accents. The *Rialto Sport* is water-resistant, and is available in automatic or quartz with several dial color options.

Inspirée par l'architecture subtile du célèbre pont vénitien, la montre *Rialto Sport* de Delma est galbée pour habiller votre poignet avec élégance. Son verre saphir inrayable protège le cadran richement ouvragé. Sa boîte bicolore en acier massif et plaquée or 18 carats est étanche. *Rialto Sport* est équipée d'un mouvement quartz ou automatique, sur différentes versions de cadrans.

DELMA USA LTD.
145 Huguenot Street
New Rochelle, NY 10801

DELMA WATCH LTD.
CH 2543
Lengnau
Switzerland

Founded 1966, Lengnau, Switzerland

DELMA
AUTOMATIC
8
SWISS MADE

Embodying the beliefs, traditions and character that have long been associated with this distinguished name, here is a classic example of the Swiss Army® Brand Watch, where time is carved with the utmost simplicity. The *Officer's™ Ratchet Bezel* watch is constructed in stainless steel with a uni-directional rotating bezel, Swiss quartz movement and is water-resistant to 330 feet. Tooled in Switzerland by master craftsmen, the Swiss Army Brand Watch is engineered for split second precision accuracy and clean cut efficiency.

Cette montre de marque Swiss Army® est un exemple représentatif des principes, des traditions et du caractère associés de longue date à ce grand nom. Réalisée en acier inoxydable, la montre *Officer™* à lunette rotative à cliquet unidirectionnel est dotée d'un mouvement suisse à quartz et étanche jusqu'à 99 mètres de profondeur. Produite en Suisse par des maîtres artisans selon une esthétique efficace et sobre, la montre de marque Swiss Army est précise à une fraction de seconde près.

SWISS ARMY® BRAND WATCHES
One Research Drive
P.O. Box 874
Shelton, CT 06484

THE FORSCHNER GROUP SUISSE S.A.
Rue De Longeau 10
CH-2504, Biel-Bienne
Switzerland

Founded 1989, Shelton, Connecticut

SWISS
ARMY
T SWISS MADE T

Zodiac
SWISS · 1882

The Zodiac *Super SeaWolf* is the culmination of a professional diving watch, precision Swiss craftsmanship and elegant style. Carved from a solid block of the highest quality surgical stainless steel, it is water-resistant to 1000 meters. Fully equipped with a patented self-evacuating unidirectional rotating bezel, it has luminous hands and hour-markers. The *Super SeaWolf* has a solid clasp with a reinforced safety buckle and a double safety screw-down crown. The sapphire crystal is scratch and glare resistant.

La Zodiac *Super SeaWolf* est le summum de la montre de plongée professionnelle, de l'horlogerie suisse de précision et de l'élégance. Taillée dans un bloc massif d'acier inoxydable de qualité chirurgicale, elle est étanche jusqu'a 1000 mètres de profondeur. Elle est dotée d'une lunette rotative unidirectionnelle à auto-évacuation brevetée, et d'aiguilles et des repères horaires lumineux. La *Super SeaWolf* possède un fermoir robuste à boucle de sécurité renforcée et une double couronne de sécurité vissée. Son verre est en saphir résistant à la rayure et anti-reflet.

ZODIAC
Distributed by Wittnauer International Inc.
145 Huguenot Street
New Rochelle, NY 10802

ZODIAC
Grand-Rue 1A
CH-2000 Neuchâtel
Switzerland

Founded 1882, Le Locle, Switzerland

Zodiac
AUTOMATIC
Super Sea Wolf
100 ATM
T SWISS
MADE T

BULOVA®

Marine Star Collection timepieces combine the performance of a true sports watch with the winning style of an elegant dress watch. Featuring a silver dial with luminous hands and markers, this *Marine Star 98C31* timepiece is constructed of stainless steel, is water-resistant to 100 meters (330 feet), and has a scratch-resistant Dura-crystal. Additional quality features include a counter-clockwise rachet bezel ring, and day/date calendar.

Les montres de la Marine Star Collection allient les performances de l'authentique montre de sport et l'élégance de style de la montre habillée. Avec son cadran argent à aiguilles et repères lumineux, cette *Marine Star 98C31* en acier inoxydable avec verre Dura-crystal résistant à la rayure est étanche à 100 mètres. Elle possède une lunette rotative unidirectionnelle à cliquet et un calendrier jour/date.

BULOVA CORPORATION
One Bulova Avenue
Woodside, NY 11377

Founded 1875, New York

BULOVA
35
25
45
15
55
5
WED 17

WENGER. MAKER OF THE
GENUINE SWISS ARMY KNIFE.

Wenger, maker of the Genuine Swiss Army Knife proudly presents the *Regiment*, precision-built to perform to military specifications. It features a seven jewel, Swiss made quartz movement contained in a solid stainless steel case with scratch-resistant mineral crystal. It is designed with a ratcheting bezel and black lacquer dial with 10 microns of gold plating and tritium plated hour/minute hand for night viewing. It is available with a solid link stainless bracelet with safety clasp.

Wenger, fabricant de l'authentique canif de l'Armée suisse, présentes sa montre *Regiment*, réalisée selon des normes strictes pour fonctionner avec une précision toute militaire. Mouvement à quartz suisse à sept rubis contenu dans un boîtier en acier inoxydable massif avec verre minéral résistant à la rayure. Lunette à cliquet, cadran laqué noir et aiguilles des heures et des minutes lumineuses plaquées or 10 microns et tritium. Disponible avec bracelet à maillons en métal inoxydable à fermeture de sécurité.

PRECISE INTERNATIONAL
Exclusive North American Distributor
15 Corporate Drive
New York, NY 10962

WENGER S.A.
Delémont
Switzerland

Founded 1893, Delémont, Switzerland

WENGER
S.A.K. DESIGN
LITHIUM QUARTZ
SWISS MADE

MAHARA (MHR) MONTRES

The *Sunray* model is a distinctive all-steel timepiece created and produced by Mahara MHR Montres for those who refuse to be fashion victims, remaining true to their own sense of style. Its case, forged in the best steel, is treated and polished like precious metal. The bracelet, which is very smooth and supple on the wrist, is also very strong. A deployment buckle guarantees secure attachment. The mechanical self-winding movement, with its steady "tic-tic," gives life to the watch. The honey-colored *Sunray* dial reflects the light with warmth and iridescence. Water-resistant to three atmospheres thanks to the screw crown and the screw back, this watch is as sporty as it is elegant.

Le modéle *Rayon De Soleil* tout acier, crée et produit par Mahara MHR Montres à Genève, est destiné ceux qui refusent d'être des "fashion victim," à ceux qui savent choisir et se décider en toute indepéndence. La boîte, forge dans le meilleur acier, est traitee et polie comme les matieres les plus précieuses. Le bracelet, très doux et souple au poignet, est d'une grande robustesse et la boucle déployante grantit la sécurité. Le mouvement mécanique automatique donne, avec son tic-tic, vie à la montre. Le cadran *Rayon De Soleil* miel reflète la lumière avec chaleur et chatoyance. Entanche à 3 ATM grâce à sa couronne vissée et son fond vissé, cette montre est tout aussie sportive qu'elégante.

MAHARA MHR MONTRES
Chelsea Marketing & Sales, Inc.
4901 Morena Boulevard, #1107
San Diego, CA 92117

MAHARA MHR MONTRES S.A.
3, Place du Grand-Mézel
1204 Genéve
Switzerland

Founded 1987, Geneva, Switzerland

MHR
GENEVE
MAHARA
AUTOMATIQUE
25 RUBIS
SWISS MADE

FORTIS
since 1912 swiss

The Fortis *Pilot's Chronograph Automatic GMT Chronometer* was chosen to be the official timing instrument for the spectacular flight to 100,250 feet of a MIG 25 PU, (Pilot: Alexander Paringaux). Its design, easy-to-read dial and technical features make it an ideal pilot's watch. It has a leather strap or matt-finished stainless steel bracelet with a safety folding clasp. A simpler version is also available as well as a choice of additional models, available with a choice of different dials: 12 hours, 24 hours, or 12 hours with a center seconds hand, 24-hour indicator and extra hand for the second time zone (GMT). This pilot's chronograph features an automatic movement specially modified with a second time zone function (GMT), also useful to set as an additional 24-hour indicator, and comes with a chronometer certificate.

Ce *Chronographe Automatique GMT* est équipé d'un dispositif spécial permettant l'utilisation d'un deuxieme fuseau horaire ou d'un cadran 24 heures. Doté d'un certificat de chronomètre, ses compétences l'ont désigné comme instrument officiel de chronométrage à l'occasion du vol record mondial d'un MIG 25 PU. Son esthétique et sa lisibilité d'une part, ses caractéristiques techniques d'autres part, font de ce modèle la montre du pilote par excellence. Elle est livrée sur braclet cuir ou sur bracelet acier mat avec fermoir porte-feuille de sécurité. Une version plus simple est disponible avec un choix de différents cadrans : 12 heures, 24 heures, 12 heures avec aiguille des secondes au centre, compteur 24 heures et aiguille plémentaire pour le second fuseau horaire (GMT).

FORTIS
Chronotime, Inc.
600 S. Livingston Avenue
Livingston, NJ 07039

FORTIS WATCH LTD.
Lindenstr. 45
CH-2540 Grenchen, Switzerland

Founded 1912, Grenchen, Switzerland

FORTIS
CHRONOMETER
SWISS MADE

Luxury fashion

Van Cleef & Arpels

The pictured *Fantasy* watch by Van Cleef and Arpels has 80 full-cut top Wesselton grade diamonds set on the bezel in a circular row of cascading tiers enhancing the interplay of light among the diamonds. There is also a diamond crown. It has a white enamel dial with black roman numerals, a precision quartz movement and is water-resistant to 98 feet. Created to satisfy the needs of the client for a sporty watch by day and an elegant watch at night, the *Fantasy* comes with interchangeable bracelets; a supple 18 karat gold bracelet, a black satin strap as well as colorful lizard and crocodile straps.

La montre *Fantasy* de Van Cleef and Arpels illustrée ici porte 80 diamants pleine-taille de qualité Wesselton supérieure enchâssés sur la lunette en disposition circulaire progressive pour intensifier le feu des diamants entre eux. Elle a également une couronne de diamants et son cadre émaillé blanc porte des chiffres romains noirs. La montre *Fantasy* est dotée d'un mouvement à quartz de précision sous boîtier étanche jusqu'à 30 mètres. Conçue en tant que montre sportive pour la journée et montre élégante pour la soirée, elle est livrée avec des bracelets interchangeables: un bracelet en or souple 18 carats, un bracelet de satin noir, et des bracelets de couleur en lézard et en crocodile.

VAN CLEEF & ARPELS
251 West 57 Street
Suite 617
New York, NY 10019

START, STYLE & ART SA
50, Avenue de la Pralle
Case Postale 1170
CH-1211, Geneve 26
Switzerland

Founded 1906, Paris, France

VAN CLEEF
& ARPELS
PARIS

Henry Dunay

Created by award winning fine jewelry designer Henry Dunay, the precision Swiss ETA movement combines with precious gold and diamonds to create a timepiece that is the essence of luxury. Dunay uses his unique hand-sculpted faceting technique to create an unforgettable bracelet accented with 13 diamonds on the clasp with a pure mother-of-pearl face. Over three decades of jewelry design combines with precision computer-construction to shape the ultimate in *Dunay Time.*

Créé par Henry Dunay, joaillier-concepteur primé, le mouvement de précision suisse ETA allie or et diamants pour produire une montre qui incarne l'essence même du luxe. Henry Dunay a appliqué sa technique exclusive de facetage à la main pour créer un bracelet inoubliable au fermoir rehaussé de 13 diamants avec un cadran en nacre pure. Plus de trois décennies d'esthétique joaillère et les ressources de la fabrication assistée par ordinateur de haute précision ont produit ce chef d'oeuvre de *Dunay Time.*

HENRY DUNAY DESIGNS, INC,.
22 West 48th Street
Suite 505
New York, NY 10036

Founded 1956, New York City

Henry Dunay

DAVID YURMAN

Continuing in his classic tradition, the David Yurman *Cable Watch* combines the designer's 10mm gold cable bracelet with a fine quartz watch crafted in Switzerland to the most exacting standards. Designed with a slate black dial, ruby markers, ruby cabochons, and a sapphire crown, the watch may be worn with his 10mm Classic Cable Bracelets accented with hematite cabochons and channel set rhodalite garnets.

Fidèle à sa tradition classique, la montre-gourmette de David Yurman réunit la chaîne en or de 10mm du dessinateur et un mouvement à quartz réalisé en Suisse selon les normes d'horlogerie les plus strictes. Avec son cadran d'ardoise noire, ses repères en rubis, ses cabochons de rubis et sa couronne de saphir, la montre peut se porter avec les gourmettes classiques de 10mm du joaillier, rehaussées de cabochons d'hématite et de grenats de rhodalite sertis en bande.

DAVID YURMAN
501 Madison Avenue
New York, NY 10022

Founded 1970, New York

DAVID YURMAN

BERTOLUCCI
Manufacture of Watches
Switzerland

Strength, character and personality, qualities that in ancient Latin society made the difference between a common man and a superior "VIR," are the qualities of Bertolucci's *VIR Gents'* watch. Part of the Bertolucci VIR Collection, the men's #123.55.49.227 with stainless steel and 18 karat gold case and bracelet is distinguished by the solid rounded design prominent in its robust case. The caseback is secured by 4 screws. It has a curved scratch-resistant crystal, screw-in crown, applied Roman numerals and calendar. The watch is water-resistant to 50 meters or 150 feet. The self-winding mechanical movement and quartz movement are interchangeable.

Force, caractère et personnalité, qualités qui faisaient dans la société romaine antique la différence entre l'homme du commun et le "VIR" supérieur, sont les caractéristiques de la montre *VIR* pour homme de Bertolucci. Appartenant à la collection VIR de Bertolucci, la montre pour homme 123.55.49.227 avec boîtier et bracelet en acier inoxydable et or 18 carats se distingue par la robustesse et par l'esthétique des courbes de son boîtier au dos fixé par quatre vis. Elle possède un verre bombé résistant à la rayure, une couronne vissée, des chiffres romains appliqués et un calendrier. Elle est étanche à 50 mètres de profondeur. Elle est disponible avec mouvement mécanique à remontage automatique ou avec mouvement à quartz.

BERTOLUCCI USA
UTime Company, Inc.
201 Route 17 North
Rutherford, NJ 07070

BERTOLUCCI DISTRIBUTION S.A.
4 Rue de la Balance
2000 Neuchâtel
Switzerland

Founded 1987, Evilard, Switzerland

BERTOLUCCI

JOHN®
HARDY

Working with centuries old Balinese techniques and traditions, John Hardy created his own contemporary designs using the ancient art of chain weaving to create a sterling silver watch. The *Woven* watch has a hand polished case sculpted from solid sterling silver is topped by a chain bezel. The handcrafted braided rope bezel frames a delicate silver woven dial. The magnificent mesh sterling bracelet completes the triad of the art of the weave.

S'inspirant de techniques et de traditions balinaises séculaires, John Hardy a produit ses créations contemporaines en tirant parti de l'art ancien de la chaîne tressée pour créer une montre en argent fin. La montre *Woven* a un boîtier sculpté en argent massif poli à la main, surmonté d'une lunette tressée à la main qui entoure le cadran d'argent aux délicats entrelacs. Un splendide bracelet de maille d'argent constitue le troisième élément de ce remarquable triptyque de métal précieux travaillé.

JOHN HARDY
Swiss Watch Corporation
14 East 38th Street
New York, NY 10016

ALFEX S.A.
Via Alla Chiesa 17
6962 Viganello
Switzerland

Founded 1972, Bali

DANIEL ROTH

Designed and created by master watchmaker Daniel Roth, this new sports model features an exceptionally elaborate 356-piece bracelet and matching case which is waterproof to 3 ATM (atmospheres). The bracelet is available in 18-karat gold, or steel-and-gold, as well as in two twin-metal versions with reversed gold and steel components. The case is fitted with sapphire crystals on both the front and back, and houses an exceptionally thin self-winding mechanical movement with metallic and 18-karat gold rotor. The *Sports Bracelet Automatic* also features a guilloché hand-lined dial, calendar at 6 o'clock and central second hand.

Conception et création par le maître horloger Daniel Roth. Ce nouveau modèle "sport" est muni d'un bracelet à maillons et éléments interchangeables très sophistiqué, composé de 356 pièces s'intégrant parfaitement à la boîte traditionnelle. Daniel Roth a su unir avec maestria le style contemporain et la tradition horlogère pour faire du *Sports Bracelet Automatic* une pièce unique en son genre. Etanche à 3 atmosphères grâce à sa couronne vissée, elle est dotée d'un mouvement automatique, date à 6 heures, aiguille de secondes centrale, et rotor métal et or 18 carats. Cadran guilloché ligné. Quatre versions: Or, Or-Acier avec collerette or, Or-Acier avec cabochon or, et Acier. Cette montre est pourvue d'un fond saphir.

DANIEL ROTH
257 Adams Lane
Hewlett, NY 11557

DANIEL ROTH SA
4 Rue de la Gare
CH-1347 Le Sentier
Switzerland

Founded 1988, Le Sentier, Switzerland

DANIEL ROTH

Parsifal
by
RAYMOND WEIL
GENEVE

Marrying eternal value and elegant contemporary design, this watch the *Parsifal*, from the Raymond Weil Parsifal Collection has a stainless steel and 18 karat gold case with a diamond dial. The Swiss quartz movement is accurate to 60 seconds per year. Water-resistant to 30 meters and fitted with a scratch-resistant Sapphire crystal, this carefully designed timepiece has a bracelet that is perfectly integrated into the case and a crown accented with a cabochon blue stone.

Cette montre Raymond Weil de la collection Parsifal qui unit la valeur éternelle et l'élégance contemporaine a un boîtier en acier inoxydable et or 18 carats et un cadran en diamants. Son mouvement suisse à quartz a une précision de 60 secondes par an. Etanche jusqu'à 30 mètres et dotée d'un verre-saphir résistant à la rayure, cette montre soigneusement dessinée possède un bracelet parfaitement intégré au boîtier et une couronne rehaussée d'un cabochon minéral bleu.

RAYMOND WEIL U.S.A.
Seville Watch Company
587 Fifth Avenue
New York, NY 10017

Founded 1975, Geneva, Switzerland

RW
RAYMOND WEIL
GENEVE
22
Parsifal

LASSALE®

THE ART OF SEIKO

The dial of this *Lassale* watch has the textured look of an artist's brush strokes on canvas. A base color of violet is overlaid with flecks of gold, while a delicately curved crystal frames the dial with a border of blue. The bracelet is crafted with interwoven links finished in gold-tone. Above and below, where the case flows seamlessly into the bracelet, the links are set with six exquisite diamonds. A palette of colors and the rich use of materials are the signature look of *Lassale*, the ultimate expression of the art of Seiko.

Le cadran de cette montre *Lassale* évoque les coups de pinceau d'un peintre sur sa toile. Le fond violet est parsemé de mouchetures en or. Un verre cristal délicatement bombé borde le cadran de bleu. Le bracelet est composé de maillons entrelacés plaqués. Là où la montre s'intègre harmonieusement au bracelet, les maillons sont sertis au dessus et au dessous de six élégants diamants. Palette de couleurs et riche utilisation de matériaux sont la signature de *Lassale*, l'ultime exression de l'art pour Seiko.

SEIKO CORPORATION OF AMERICA
1111 Macarthur Boulevard
Mahwah, NJ 07430

Founded 1881, Tokyo

LASSALE

SAINT-HONORE
PARIS

The *Manhattan* chronograph is a unique creation of Parisian design blended with Swiss technology. Each limited production piece is numbered, accompanied by a certificate of authenticity. Chiseled from a block of stainless steel, the sculpted case, curved to accommodate the individual's wrist, encases a 27-jewel Swiss quartz movement measuring split seconds, seconds and minutes. The *Manhattan* is also available in an automatic movement with a 48-hour power reserve.

Le chronographe *Manhattan* est une création exclusive qui réunit l'esthétique parisienne et la technologie suisse. Chaque montre de cette série de fabrication limitée est numérotée et fournie avec son certification d'authenticité. Ciselé dans un bloc massif d'acier inoxydable, le boîtier est incurvé pour épouser la courbe du poignet. Il abrite un mouvement à quartz suisse à 27 rubis qui mesure les fractions de secondes, les secondes et les minutes. Le chronographe *Manhattan* est également disponible avec un mouvement automatique à réserve de 48 heures.

SAINT-HONORE
107-06 71st Road
Forest Hills, NY 11375

SAINT-HONORÉ PARIS S.A.
B.P. 31
25140 Charquemont
France

Founded 1986, Paris

SAINT·HONORE
PARIS
29
SWISS
MADE

ACCUTRON®

BULOVA

Inspired by architectural designs, the *Accutron 28B36* of the Marseilles Collection represents a balance between fine craftsmanship and superior technology. Designed in America and handcrafted in Switzerland, the watch uses state of the art Swiss quartz movements for precise timekeeping. This two-tone Accutron features a stainless steel case and solid link stainless steel construction with a hidden clasp.

D'inspiration architecturale, l' *Accutron 28B36* de la Marseilles Collection allie l'horlogerie fine et la haute technologie. Conçue en Amérique et réalisée à la main en Suisse, elle est dotée d'un mouvement suisse de précision à quartz de technologie évoluée. Cette Accutron deux tons possède un boîtier en acier inoxydable et un bracelet à maillons intégrés en acier inoxydable à fermoir invisible.

ACCUTRON
Bulova Corporation
One Bulova Avenue
Woodside, NY 11377

Founded 1960, New York

Accutron
23

WITTNAUER

Ultra-thin, a mere 5 millimeters, the *Wisp* features a white sunray dial with applied roman numerals. A gilt-embossed minute track and the use of sophisticated Dauphine time indicators complement this exquisite timepiece. The case is made of surgical grade premium stainless steel. The sculptured bracelet is finished in 23 karat gold. Water-resistant to 100 feet, this remarkable timepiece embraces art, style and function.

Ultra-plate—5 millimètres à peine—la montre *Wisp* a un cadran rayon-de-soleil blanc et des chiffres romains appliqués. Une minuterie dorée en relief et des marqueurs horaires Dauphine complémentent cette montre exquise. Le boîtier est en acier inoxydable de haute qualité. Le bracelet sculpté est fini en or 23 carats. Etanche jusqu'à 30 mètres, cette montre remarquable englobe l'art, le style et la fonction.

WITTNAUER INTERNATIONAL INC.
145 Huguenot Street
New Rochelle, NY 10802

Founded 1880, New York

WITTNAUER
WITTNAUER

ROBERT LEE MORRIS

A great proponent of jewelry as an art form, Robert Lee Morris has created the Robert Lee Morris *Signature* watch. More than a sculpted silver circle watch, Morris explains it best: "A rock worn away by wind and water, a lunar landscape, spare and mysterious, the silver case is a rock with a pool in it." Each case is handcrafted in .925 sterling silver, featuring a precision Swiss quartz movement and calf leather strap.

Grand partisan de la joaillerie en tant que forme d'art, Robert Lee Morris a créé ici davantage qu'une montre ronde en argent sculpté, la montre *Signature* Robert Lee Morris. Il explique lui-même : "Roc usé par l'eau et par le vent, paysage lunaire, dépouillé et mystérieux, le boîtier d'argent est un rocher dont le creux abrite une flaque d'eau". Chaque boîtier est réalisé individuellement à la main en argent sterling au titre 925. Mouvement à quartz suisse de précision et bracelet en veau.

ROBERT LEE MORRIS
Swiss Watch Corporation
14 East 38th Street
New York, NY 10016

ALFEX S.A.
Via Alla Chiesa 17
6962 Viganello
Switzerland

Founded 1972, New York

Technical and design innovation

UNIVERSAL GENEVE

Inspired by the ancient Roman God whose wisdom enabled him to see both future and past, the *Janus* watch has two dials, one on each side, each indicating the time in a different time zone. What makes this watch a remarkable achievement in mechanical horology is that there is only one movement, a high caliber U.G. 42 manually wound mechanism, only 3.8 mm. thick. Leaf hands indicate the hours and minutes on the front dial, while on the back jump hours are shown in an aperture at 12 o'clock. A leaf hand indicates the minutes. Date and day or night time are indicated on two subsidiary dials.

Inspirée par le dieu romain aux deux visages qui voyait dans l'avenir et dans le passé, la montre *Janus* possède deux cadrans, un de chaque côté, indiquant l'heure dans deux fuseaux horaires différents. Ce qui fait de la montre Janus une extraordinaire réalisation d'horlogerie, c'est qu'elle a un seul mouvement: un mécanisme U.G. 42 de haut calibre à remontage manuel, de 3,8 mm d'épaisseur seulement. Sur son cadran avant, deux aiguilles en forme de feuilles indiquent l'heure. Sur le cadran arrière, l'heure apparaît par un guichet en position de midi, les minutes étant indiquées par une aiguille en forme de feuille. La date et l'heure du jour ou de la nuit sont indiquées sur les deux cadrans supplémentaires.

UNIVERSAL GENEVE
Distributed by Wittnauer International Inc.
145 Huguenot Street
New Rochelle, NY 10802

UNIVERSAL GENEVE
29, Route de Jussy
CH-1226 Thonex-Geneve
Switzerland

Founded 1894, Geneva, Switzerland

·1994·
UNIVERSAL GENEVE
UNIVERSAL GENEVE
·1894·

SEIKO
KINETIC®

Unique vision, profound imagination, and a passion for excellence inspire all great art and all breakthrough technology. Such is the case with Seiko *Kinetic*, the world's first batteryless quartz watch powered solely by human movement. Like an entry in the notebooks of da Vinci, Seiko has dissolved the artificial boundaries between art and science.

Vision exceptionnelle, profonde imagination et la passion de l'excellence sont à l'origine de toute grande oeuvre d'art et de toute percée technologique capitale. C'est le cas de Seiko *Kinetic*, la première montre à quartz sans pile, dont l'énergie n'est apportée que par le mouvement humain. Comme Léonard de Vinci dans ses carnets, Seiko a fait disparaître la frontière artificielle entre art et science.

SEIKO CORPORATION OF AMERICA
1111 Macarthur Boulevard
Mahwah, NJ 07430

Founded 1881, Tokyo

SEIKO
KINETIC
INDICATOR
SPORTS 100
WED 2
10
20
30
40
50

PERRELET
1777

Dipteros, created in the combined spirit of technological innovation and tradition, a world's first. The technical statistics for the *Dipteros* are as follows: Diameter 36.5mm; Thickness 8.75mm; Caliber – Perrelet DH95 & ETA 2892. The winding system consists of two oscillating weights, turning around a common axis on opposing sides of the movement. Cumulative energy generated by this revolutionary double rotor technology provides a faster, more stable winding process and a more constant power supply. Designed for men and women to respect age old traditions, the case is sculpted with great care which is reflected in the faceted horns and caseback engineering.

La montre *Dipteros* a été conçue à la confluence de l'innovation technologique et de la tradition et constitue une première mondiale. Ses caractéristiques physiques sont les suivantes: 36,5 mm de diamètre; 8,75 mm d'épaisseur; mouvement Perrelet DH95 et ETA 2892. Son mécanisme de remontage d'une technologie révolutionnaire consiste en deux masselottes oscillantes tournant sur un axe commun de chaque côté du mouvement. L'énergie cumulée produite par ce double rotor assure une douceur et une rapidité accrues du remontage et une alimentation plus régulière. Réalisé pour messieurs et pour dames dans le respect des traditions, le boîtier de la *Dipteros* est travaillé avec un soin exceptionnel comme en témoignant ses cornes facettées et son dos de conception spécialement étudiée.

PERRELET
Official US Agent: Nikon Inc.
1300 Walt Whitman Road
Melville, NY 11747

PERRELET SA
Rue du Trésor 2
CH-2000 Neuchâtel, Switzerland

Founded 1777, Le Locle, Switzerland

PERRELET
1777
SWISS

CHRONOSWISS
Fascination of Watchmaking

Demonstrating the highest level of watchmaking, the Chronoswiss *Régulateur Automatique* is an unsurpassed tribute to the wonderful precision pendulum clocks of past centuries in its use of a precision self-winding mechanical movement and its unusual dial. The off-centered arrangement of the hour hand cleverly prevents it from blocking the small second hand for several hours everyday. This ingenious watch has a ball bearing rotor and precision adjustments for the regulator. The pivots of the gear revolve in 29 jewels. The *Régulateur Automatique* has an elegant, matte black surface with white lettering. The delicate, embossed hands are also in white. The wearer of the *Régulateur Automatique* is immediately given a complete impression of valuable time.

Illustration du plus haut niveau de technique horlogère, le *Régulateur Automatique* Chronoswiss, avec son mécanisme de précision à remontage automatique et son cadran original, est un hommage suprême aux extra-ordinaires horloges à pendule de précision de jadis. Du fait de sa position intelligemment excentrée, l'aiguille des minutes ne cache pas la petite aiguille plusieurs heures par jour. Cette montre ingénieuse possède un rotor sur roulement à billes et un régulateur à réglages de précision. Les pivots du mouvement sont dotés de 29 rubis. Le *Régulateur Automatique* présente une élégante surface matte noire à lettres blanches, les aiguilles délicatement embouties étant blanches elles aussi. Un seul coup d'oeil du *Régulateur Automatique* suffit pour savoir l'heure exacte instantanément.

CHRONOSWISS
UTime Company Inc.
201 Route 17 North
Rutherford, NJ 07070

CHRONOSWISS UHREN GmbH
Allacher Strasse 228 e
80999 Munchen, Germany

Founded 1980, Munich, Germany

CHRONOSWISS
Régulateur
Automatique
SWISS MADE

VENTURA

Design on Time

Made of nitrogen-hardened, scratch-resistant titanium, the robust case of this Ventura *V-Matic* watch has the form of a truncated cone, tapering down toward the wrist. Free of all fashionable flourishes and ornaments, the dial of the *V-Matic* is straightforward and classic. Weighing only 81 grams, this automatically winding mechanical chronometer (certified by C.O.S.C.) with chronograph function has a rotating bezel and a transparent caseback for viewing the interior mechanism. In 1995 the *V-Matic* received eight important international design awards and was recently selected for the permanent design collection of the National Museum of Applied Arts «Die neue Sanmmlung» in Munich, Germany.

Réalisé en titane traité à l'azote résistant à la rayure, le robuste boîtier de la Ventura *V-Matic* est de forme tronconique inversée. Exempt de tout ornement et embellissement superflu, son cadran est d'une sobriété classique irréprochable. Ce chronomètre mécanique à remontage automatique (certifié C.O.S.C.) à fonction de chronographe, ne pesant que 81 grammes, posséde une lunette rotative; l'arrière transparent du boîtier révèle le mouvement qu'il abrite. La *V-Matic* s'est vu octroyer huit grands prix de design internationaux en 1995 et a récemment été retenue pour figurer dans la «neue Sammlung», collection permanente du Musée national des métiers d'art de Munich.

CHELSEA MARKETING & SALES
Exclusive Importer & Distributor
4901 Morena Boulevard
Suite 1107
San Diego, CA 92117

VENTURA
Design On Time SA
Hegnauerstrasse 15
CH-8602 Wangen, Switzerland

Founded 1986, Zurich, Switzerland

60
40
20
30
20
10
12
13

RADO
Switzerland

The entire case, crown and bracelet links of this watch are made from scratchproof high-tech ceramics, ensuring optimal wearing comfort and durability. With *Sintra*, Rado has succeeded in giving high-tech ceramics a brilliance that never fades. The scratchproof sapphire crystal curves over the entire surface of the watch becoming an intrinsic element of the innovative design. The Rado *Sintra* also features a triple safety clasp made of titanium, and is available in three sizes.

L'ensemble du boîtier, la couronne et les maillons du bracelet de la *Sintra* de Rado sont en céramique de haute technicité résistant à la rayure. Outre son confort optimal et sa durabilité maximale, Rado est parvenu à obtenir avec ce matériau une finition d'un brillant inaltérable. Le verre saphir incurvé, résistant lui aussi à la rayure, recouvre toute la surface de la montre et s'intègre parfaitement à son esthétique innovatrice. La *Sintra* de Rado possède une triple boucle de sécurité en titane et est disponible en trois tailles.

RADO
A Division of SMH (US) Inc.
1200 Harbor Boulevard
Weehawken, NJ 07087

RADO WATCH COMPANY LTD.
CH-2543 Lengnau
Switzerland

Founded 1917, Lengnau, Switzerland

RADO
23
RADO

REVUE THOMMEN
Since 1853

The Revue Thommen *Cricket Alarm* has the distinction of being known as the "President's Watch", worn by several U.S. Presidents and world leaders. The *Cricket Alarm* features Revue Thommen's alarm movement and hand-winding mechanical movement with 17 jewels, and is carefully assembled with 161 component parts. *Cricket Alarm* models are available in stainless steel, stainless steel with solid 18 karat bezel, 20-micron gold-plate and solid 18 karat gold. All are water-resistant to 30 meters and all are registered and numbered.

La montre Revue Thommen *Cricket Alarm*, portée par plusieurs présidents des Etats-Unis et autres chefs d'Etat et hauts dignitaires, est également connue sous le nom de montre du Président. Elle possède le mécanisme d'alarme de Revue Thommen et son mouvement mécanique à remontage manuel à 17 rubis composé de 161 pièces minutieusement assemblées. La *Cricket Alarm* est disponible en acier inoxydable, en acier inoxydable avec lunette plaquée or 18 carats 20 microns, et en or massif 18 carats. Tous ces modèles sont étanches jusqu'à 30 mètres, numérotés et enregistrés.

PRECISE INTERNATIONAL
Exclusive North American Distributor
15 Corporate Drive
New York, NY 10962

REVUE THOMMEN S.A.
La Chaux-de-Fonds
Switzerland

Founded 1853, La Chaux-de-Fonds, Switzerland

REVUE THOMMEN
cricket
T SWISS
MADE T

WITTNAUER

Perfect timing. That's precisely what Wittnauer International offers with the world's most accurate watch, the remarkable Junghans *Radio Controlled* watch. This technologically advanced marvel features an integrated radio receiver with a flexible antenna built into its strap that picks up "time telegrams" on long wave from the world's most accurate time signal transmitter, the atomic clock in Fort Collins, Colorado. Previously used only by plane and ship navigators, scientists, and TV stations, this Junghans automatically adjusts itself to the perfect time. Now anyone can easily own and operate this innovative, technological advancement in keeping time.

Une parfaite précision. C'est ce qu'offre Wittnauer International avec la montre la plus précise du monde, la remarquable Junghans *Radio Commandée*. Cet instrument à la pointe de la technologie est doté d'un récepteur radio incorporé à antenne souple intégrée dans le bracelet qui capte les signaux horaires émis sur grandes ondes par l'émetteur le plus précis du monde : l'horloge atomique de Fort Collins, Colorado. Utilisée jusqu'à présent par les seuls navigateurs aériens et marins, les chercheurs et les techniciens des stations de télévision, cette montre Junghans se met à l'heure automatiquement avec une parfaite précision. Cette merveille d'innovation est désormais à la portée de tous les amateurs de progrès technologique et d'horlogerie de précision.

JUNGHANS
Wittnauer International, Inc.
145 Huguenot Street
New Rochelle, NY 10802

JUNGHANS UHREN GMBH
P.O. Box 100
78071 Schramberg
Germany

Founded 1861, Schramberg, Germany

JUNGHANS
JUNGHANS MEGA
19. 12. 32
PST MST CST EST
WITTNAUER
BY JUNGHANS
GERMANY

Bell & Ross

LE TEMPS EXTRÊME

Diver, a steel automatic chronograph, with a sapphire crystal, screw-down pushers, is water-resistant to 300 meters. A capsule containing 7 mg. of copper sulfate (CuS4) enables the watch to control and absorb the humidity which could damage the movement. As the capsule gets saturated with H2O molecules it turns blue indicating when the watch needs a water-resistance test.

Diver, chronographe acier automatique, verre saphir, poussoirs vissés, étanche à 300 M. Une capsule contenant 7 mg de sulfate de cuivre (CuS4) permet de contrôler et d'absorber l'humidité susceptible d'endommager le mécanisme. Lorsque le témoin d'étanchéité devient bleu, l'étanchéité de la montre doit être révisée.

BELL & ROSS
608 Lincoln Road
Miami Beach, FL 33139

BELL & ROSS
26, Rue Claude Berthollet
Paris 75005
France

Founded 1991, Paris, France

Bell&Ross
by SINN

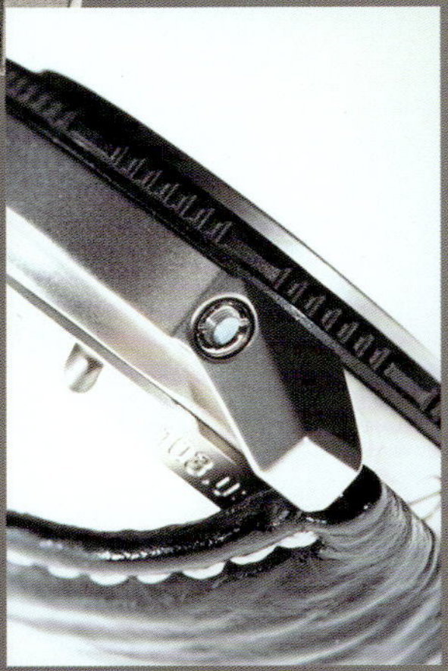

RGM

Featuring a handmade engine-turned guilloche dial with blued steel hands, the RGM *Model 102J* is a complicated yet uniquely beautiful handcrafted watch, with a fully jeweled manual wind jump hour movement. The beautifully styled case is made of solid platinum and in this metal is in a limited series of just ten pieces. It is also accented with a genuine alligator strap and a solid platinum buckle.

Avec son cadran guilloché à la main, ses aiguilles en acier bleui, son mouvement intégralement empierré à remontage manuel à heure sautante, la montre RGM *Modéle 102J* est un chef-d'oeuvre de l'horlogerie artisanale, aussi complexe que beau. Le boîtier d'une haute esthétique a été réalisé en platine massif, constituant dans ce métal une série limitée à 10 exemplaires. Elle est dotée d'un bracelet en crocodile véritable et d'une boucle en platine massif.

RGM WATCH COMPANY
590 Centerville Road, #130
Lancaster, PA 17601

Founded 1992, Lancaster, Pennsylvania

10
5
10
15
20
25
30
35
40
45
50
55
15
30
45
RGM

SURRISI®

Handcrafted Timepieces, USA

Surrisi's founder and creative designer G.L. Miller, with nationally famous southwestern artist Amado M. Pena, Jr., have created an exceptional new art form with *Pena's Time Has Come*, a limited edition timepiece. The 18 karat gold case has been handcrafted and metal-molded in the lost wax process. The timepiece is detailed with a 21 jewel Swiss ETA mechanical state-of-the-art engraved movement which is visible through a domed sapphire crystal on the back. This unique timepiece also features gold components, exotic straps and a dial image from a design by Mr. Pena made specifically for the watch.

G. L. Miller, fondateur et designer de Surrisi, et Amado M. Peña, Jr., artiste renommé du sud-ouest traditionnel des États-Unis, ont créé une nouvelle forme d'art en produisant la montre *Pena's Time Has Come*, en nombre limitée. Son boîtier en or 18 carats a été réalisé à la main, en moulage à la cire perdue. La montre est dotée d'un mouvement mécanique suisse ETA évolué à 21 rubis visible par l'arrière transparent du boîtier. Ce chef-d'oeuvre de l'horlogerie possède également des composants en or, un choix de bracelets exotiques et un cadre decoré d'après un dessin produit spécifiquement à cette fin par Peña.

G.L. MILLER DESIGN & MANUFACTURING
G. L. Miller
4131 Prospect NE
Albuquerque, NM 87110

SURRISI EUROPE
P.O. Box 17367
1001 JJ Amsterdam
The Netherlands

Founded 1988, Albuquerque, New Mexico

BUZZI
SWITZERLAND

Marco Mariotta, Swiss designer, has created this unique timepiece, the *Mariotta*, using advanced spark-erosion technology, usually employed in the aerospace industry. Each watch face has been sculpted singularly out of the titanium case. This technique permits extremely sharp angles and differing textures. The watch face has four different levels. Several variations are available: square or octagonal, titanium or stainless steel, with natural or gold-plated frame. All models have a fine leather strap, coordinated buckle and are water-resistant.

Cette montre exclusive, la *Mariotta*, a été crée par le designer Suisse Marco Mariotta. Chaque cadran est gravé individuellement dans son boitier avec une technique électro-érosive normalement utilisée dans l'industrie aéro-spatiale. Contours bien dessinés, structures superficielles et niveaux différenciés en sont les caractéristiques. Ces montres peuvent être obtenues en différentes variantes: carrées ou octagonales en titanium ou en acier inoxydable. Lunette naturel ou plaqué-or. Bracelet en cuir noir et boucle assortie au boitier et terminee a la main.

BUZZI WATCH COMPANY
257 Adams Lane
Hewlett, NY 11557

BUZZI WATCH COMPANY
CH-6711 Aquila
Switzerland

Founded 1955, Aquila, Switzerland